"十四五"职业教育国家规划教材 《化工制图》第三版配套用书

化工制图习题集

第三版

刘立平　主编

化学工业出版社
·北京·

内 容 简 介

本习题集与刘立平主编的《化工制图》(第三版)("十四五"职业教育国家规划教材)配套使用,以培养德智体美劳全面发展的社会主义建设者和接班人为目标,注重课程育人,有效落实"为党育人、为国育才"的使命。

主要内容包括绪论、制图基本知识、投影基础、立体及其表面交线、轴测图、组合体、机件的表达方法、焊接图、化工设备图、化工工艺图,读者可以根据不同专业的课程标准在40~90学时内选用。

本习题集中设置了大量的二维码,通过扫码可查阅部分习题的绘图步骤视频或者三维模型动画等资源。

本习题集适用于职业本科、高职专科的化工技术类、石油与天然气类、煤炭类、安全类等专业的学生,也可作为其他相近专业以及应用型本科、成人教育和职业培训的教材或参考用书。

图书在版编目(CIP)数据

化工制图习题集/刘立平主编. —3 版. —北京:化学
工业出版社,2024.8(2025.8重印)
ISBN 978-7-122-44507-0

Ⅰ.①化… Ⅱ.①刘… Ⅲ.①化工机械-机械制图-
高等职业教育-习题集 Ⅳ.①TQ050.2-44

中国国家版本馆 CIP 数据核字(2023)第 226001 号

责任编辑:高 钰   装帧设计:刘丽华
责任校对:宋 玮

出版发行:化学工业出版社(北京市东城区青年湖南街 13 号 邮政编码 100011)
印   装:三河市航远印刷有限公司
787mm×1092mm 1/8 印张 7¼ 字数 190 千字   2025 年 8 月北京第 3 版第 2 次印刷

购书咨询:010-64518888   售后服务:010-64518899
网   址:http://www.cip.com.cn
凡购买本书,如有缺损质量问题,本社销售中心负责调换。

定   价:27.00 元   版权所有 违者必究

前　言

本习题集自 2010 年出版以来，得到较多院校认可。多年来，编者积累了更多更丰富的教学资料，参照最新制图国家标准、行业标准，组织同行和企业专家对本习题集进行了修订，与刘立平主编的《化工制图》（第三版）（"十四五"职业教育国家规划教材）配套使用。

本习题集的编写以培养学生绘制和阅读化工图样为根本出发点，突出绘图、读图能力的训练。通过本习题集的学习，学习者可以具备绘制和识读化工图样的能力，同时培养标准化意识、工程意识与素养，严谨认真的工作态度和精益求精的工匠精神。

本习题集使用说明和建议如下：

1. 做题之前必须先学习相关理论知识。

2. 作图时不要急于绘图，先要根据已知条件和解题目标进行空间分析，空间分析和投影作图是实现人脑三维形状与二维绘图之间直觉思维的两个训练环节，缺一不可。空间分析之后，确定绘图思路和绘图步骤。

3. 严格按照国家标准的规定进行绘图，保证各种图线（粗实线、细实线、细点画线、细虚线等）线型、线宽的正确性。

4. 本习题集中配备了大量二维码，学习者在独立思考或者完成绘图之后，再查阅习题的绘图步骤视频或者三维模型动画等资源，验证自己的绘图是否正确。

5. 本习题集配有参考答案，如有需要，请发电子邮件至 673301839@qq.com、cipedu@163.com，或者登录 www.cipedu.com.cn 免费下载。教师可根据需求推送给学生，避免学生在独立思考之前就参考答案，真正达到训练的目的。

本习题集由兰州石化职业技术大学刘立平主编，刘伟任副主编。参加本书编写工作的有：刘立平（第 1～5 章），张化平编写（第 6 章），王霞琴（第 7 章），中石化宁波工程有限公司王娇琴（第 8 章），安徽工业大学贾娟英（第 9 章）；刘伟制作了模型动画等资源。全书由刘立平负责统稿。

本习题集在编写过程中，参阅了大量的标准规范及相关习题集，在此向有关作者和所有对本习题集的出版给予帮助和支持的同志，表示衷心的感谢！

由于编者水平所限，习题集中疏漏和欠妥之处敬请广大读者提出宝贵意见，以便下次修订时调整与改进。

编　者

2024 年 8 月

目　　录

1-1　字体练习	班级	姓名	学号

1-1-1　汉字（长仿宋体）。

工程制图是研究工程图样表达与技

术交流的学科培养学生绘制阅读以

及形象思维能力提高工程素质和创

新意识班级姓名审核日期比例材料

1-1-2　数字和字母。

1234567890123456789 0

ABCDEFGHIJKLMNOPQRST

UVWXYZ⌀⊕RRSαβγⅠⅡΦ50 Ra3.2

abcdefghijklmnopqrstuvwxyz

1-2-1　按照图例绘制出相应的图线。

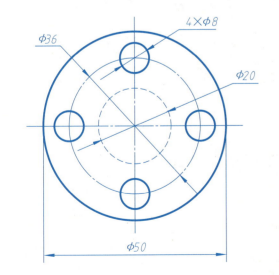

1-2-2　线型练习。

内容：用 A4 幅面图纸、竖放，按 1：1 抄画图形，布图合理，保持图面整洁。

目的：掌握各种图线正确的绘制方法，正确使用绘图工具和仪器。

要求：

（1）用 H 或 2H 铅笔绘制底稿，用 B 或 HB 铅笔加深，圆规上的铅芯软一号。

（2）细虚线、细点画线等线段，长画、短间隔等尺寸参见配套《化工制图》（第三版）（刘立平主编）表 1-3。

（3）粗实线线宽宜采用 0.5mm 或 0.7mm，标题栏中汉字采用长仿宋体。

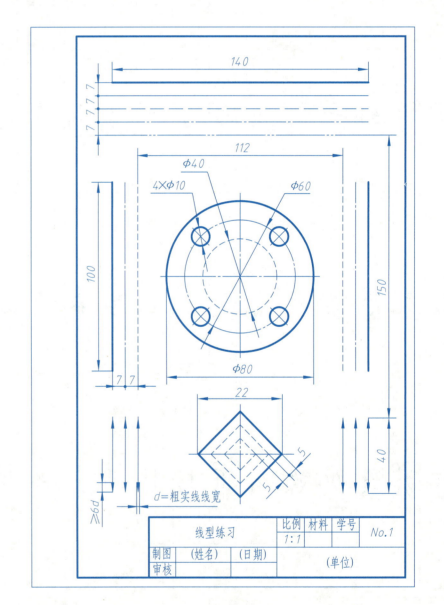

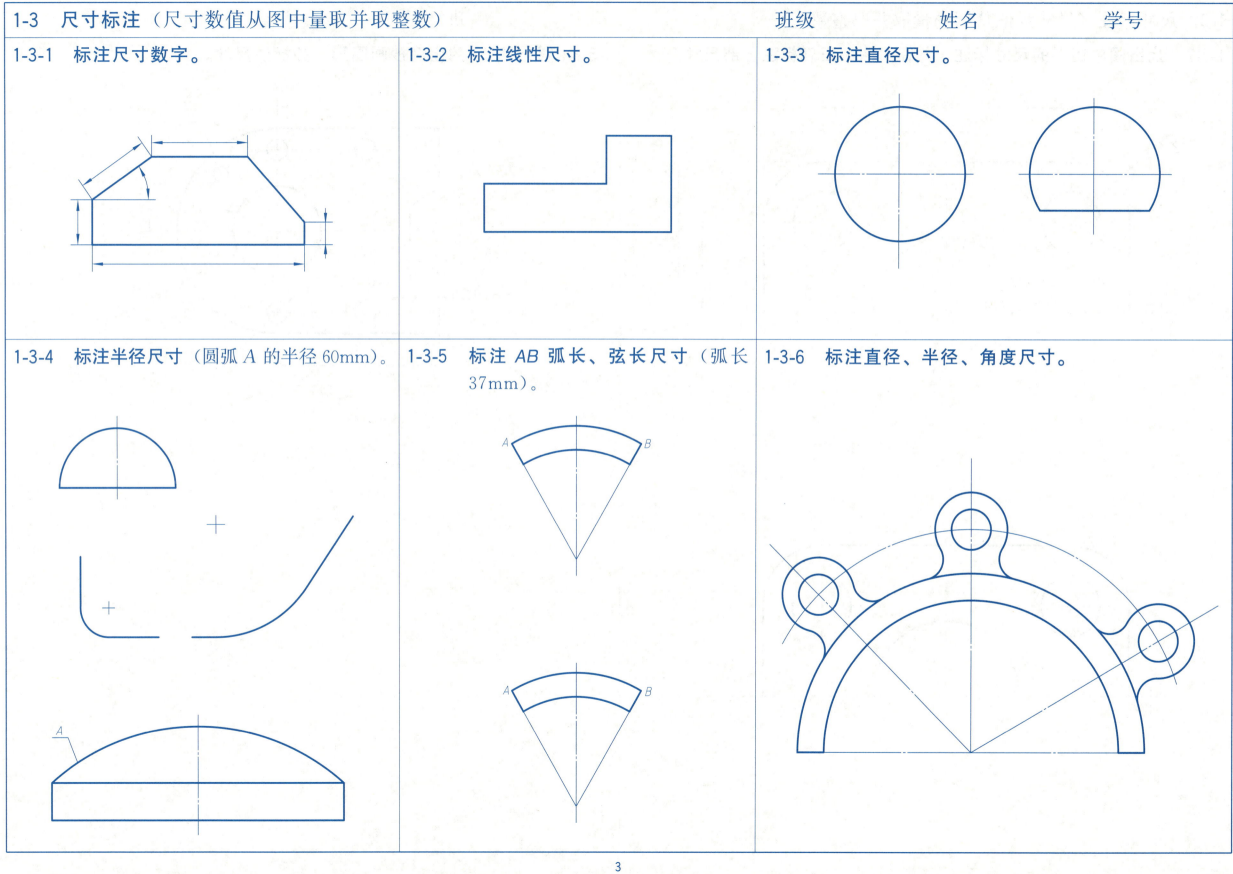

1-3 尺寸标注（尺寸数值从图中量取并取整数）　　　班级　　　　　姓名　　　　　学号

1-3-1　标注尺寸数字。

1-3-2　标注线性尺寸。

1-3-3　标注直径尺寸。

1-3-4　标注半径尺寸（圆弧 A 的半径 60mm）。

1-3-5　标注 AB 弧长、弦长尺寸（弧长 37mm）。

1-3-6　标注直径、半径、角度尺寸。

1-3-7　找出图中错误的尺寸标注，并在下图中正确标注全部尺寸。

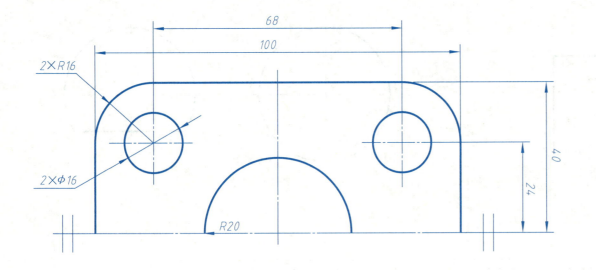

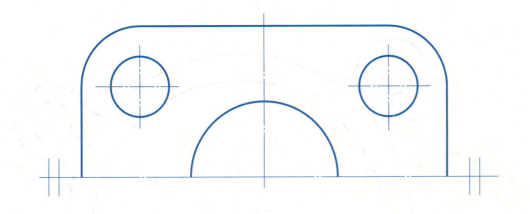

1-3-8　按照 1：1 的比例抄画图形，并标注尺寸。

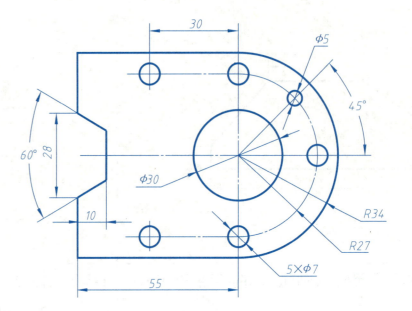

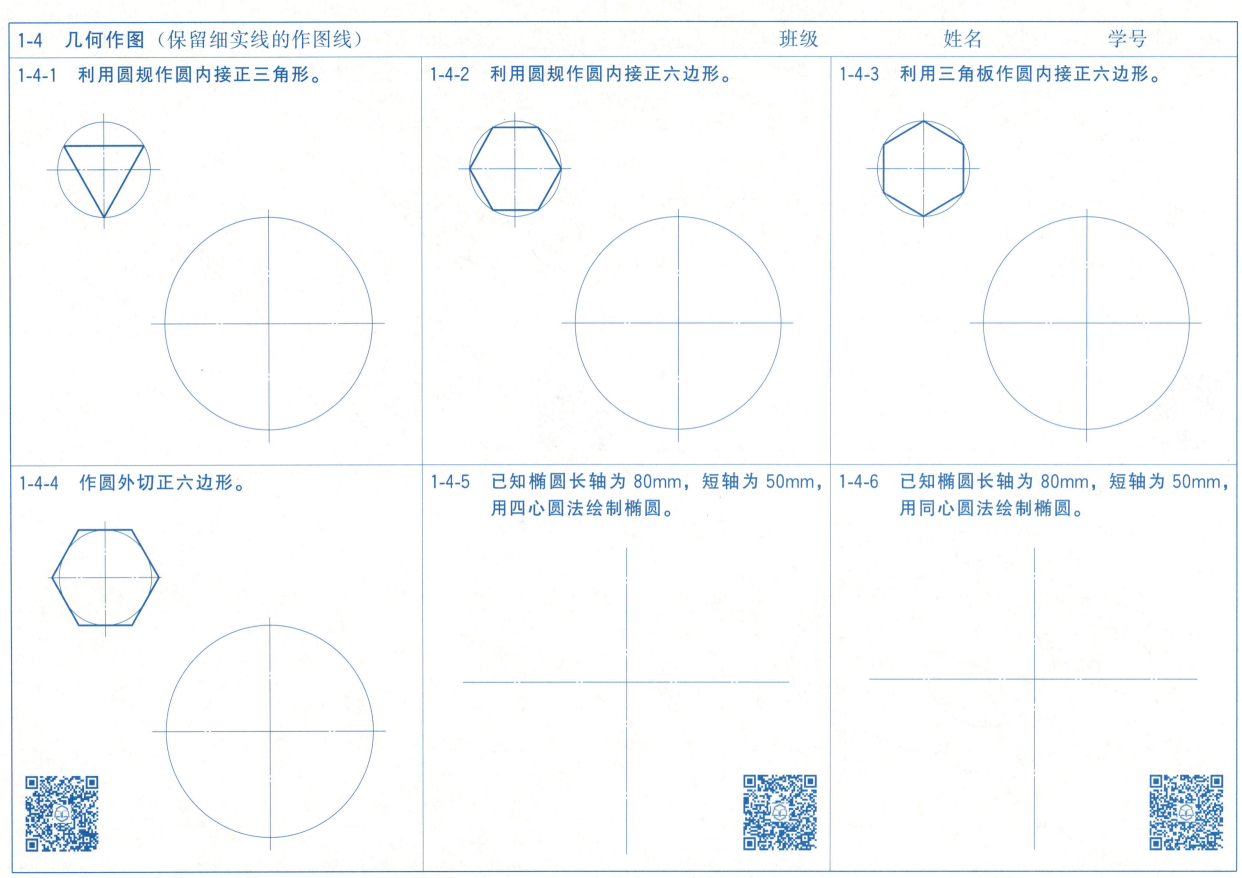

1-4　几何作图（保留细实线的作图线）　　　　　　　　　班级　　　　　姓名　　　　　学号

1-4-1　利用圆规作圆内接正三角形。

1-4-2　利用圆规作圆内接正六边形。

1-4-3　利用三角板作圆内接正六边形。

1-4-4　作圆外切正六边形。

1-4-5　已知椭圆长轴为 80mm，短轴为 50mm，用四心圆法绘制椭圆。

1-4-6　已知椭圆长轴为 80mm，短轴为 50mm，用同心圆法绘制椭圆。

1-4 几何作图（保留细实线的作图线）

1-4-7 参照左上角图形，完成圆弧连接作图。

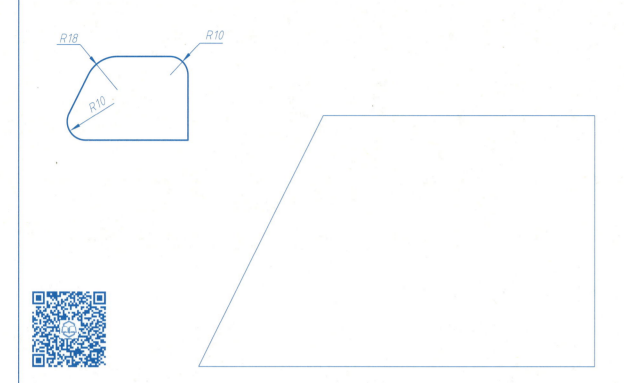

1-4-8 参照左上角图形，完成圆弧连接作图。

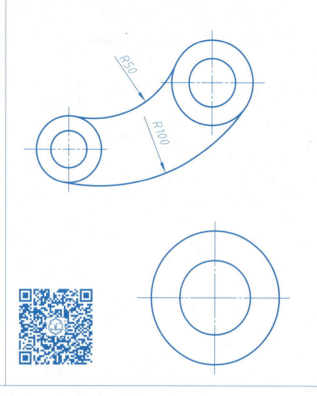

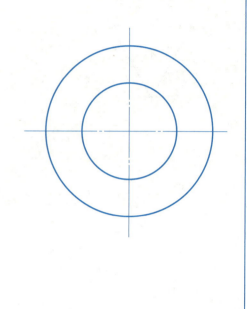

1-4-9 徒手抄画平面图形，并标注尺寸。

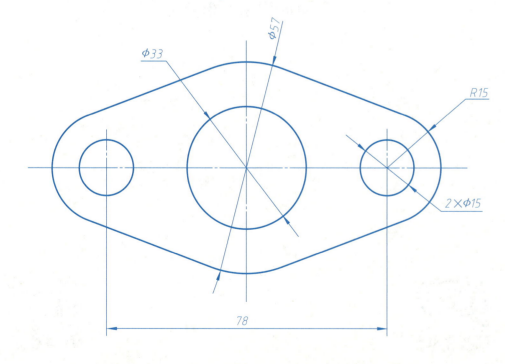

内容：任选一题，选择图幅、确定比例，抄画平面图形，并标注尺寸。

目的：掌握圆弧连接的作图方法，熟悉平面图形绘图步骤和标注尺寸的方法。

要求：

(1) 布图匀称合理，图面清晰、整洁。

(2) 线型均匀一致且符合国家标准规定，图线粗细分明。

(3) 认真书写文字、尺寸数字，箭头大小一致。

(4) 正确使用绘图仪器。

1-5-1

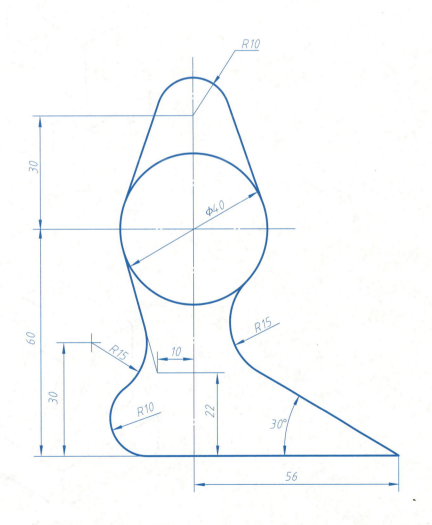

1-5-2

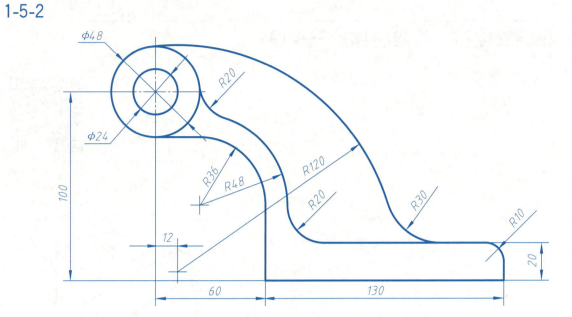

1-5-3

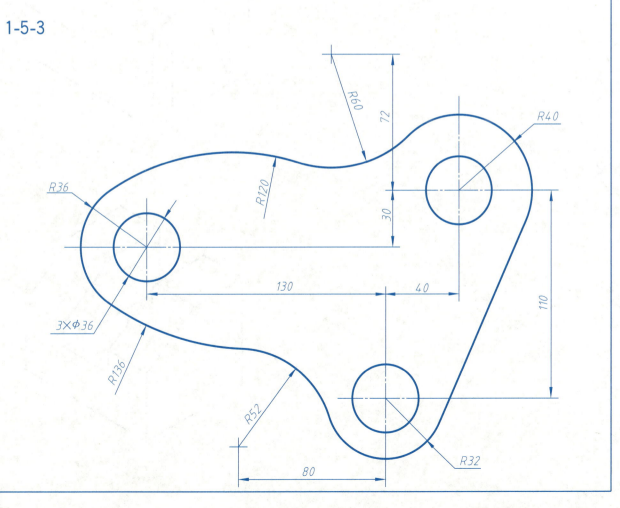

第 2 章　投 影 基 础

2-1　根据立体图，绘制物体的三视图	班级　　　　姓名　　　　学号

2-1-1

2-1-2

2-1-3

2-1-4

2-1-5

2-1-6

2-1-7

2-1-8

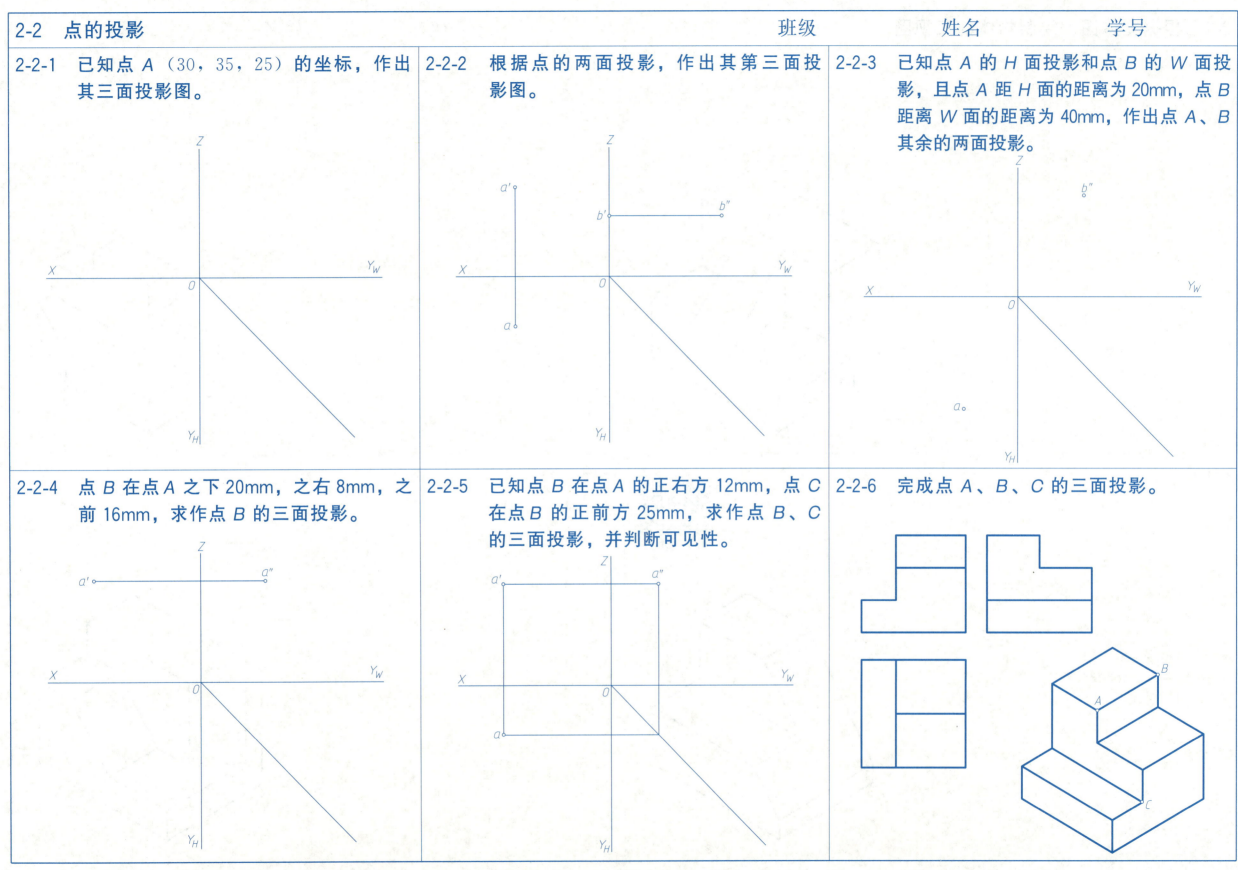

2-2-1　已知点 A（30，35，25）的坐标，作出其三面投影图。

2-2-2　根据点的两面投影，作出其第三面投影图。

2-2-3　已知点 A 的 H 面投影和点 B 的 W 面投影，且点 A 距 H 面的距离为 20mm，点 B 距离 W 面的距离为 40mm，作出点 A、B 其余的两面投影。

2-2-4　点 B 在点 A 之下 20mm，之右 8mm，之前 16mm，求作点 B 的三面投影。

2-2-5　已知点 B 在点 A 的正右方 12mm，点 C 在点 B 的正前方 25mm，求作点 B、C 的三面投影，并判断可见性。

2-2-6　完成点 A、B、C 的三面投影。

2-3 直线的投影

2-3-1 完成直线的第三面投影，并判断其相对投影面的位置。

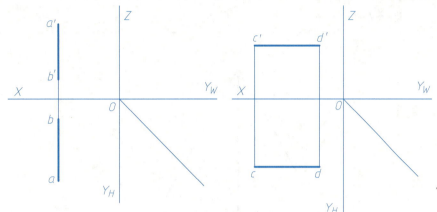

直线 AB 是_____线　　　　直线 CD 是_____线　　　　直线 EF 是_____线

2-3-2 完成点 A、B、C、D 的三面投影，并判断各直线相对投影面的位置。

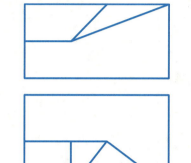
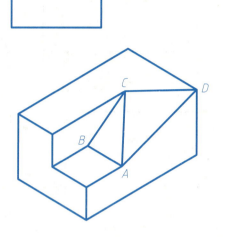

AB 是_____线
BC 是_____线
CD 是_____线
AC 是_____线

2-4 平面的投影

2-4-1 完成平面的第三面投影，并判断其相对投影面的位置。

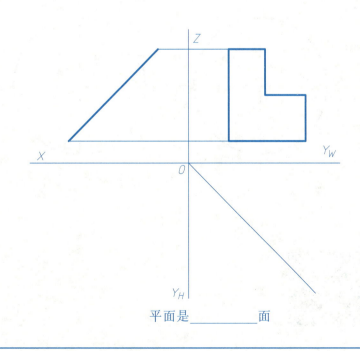

平面是_____面　　　　平面是_____面

2-4-2 根据平面 P 的标注，在立体图上或三视图上标出平面 A、B、C，并判断各平面相对投影面的位置。

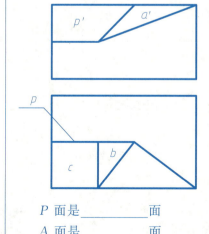
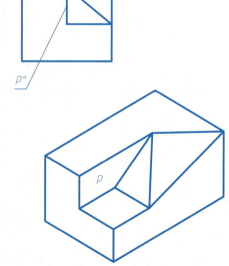

P 面是_____面
A 面是_____面
B 面是_____面
C 面是_____面

第 3 章　基本体及其表面交线

3-1　补画基本体的第三视图，并作出其表面上各点的其余两面投影	班级	姓名	学号

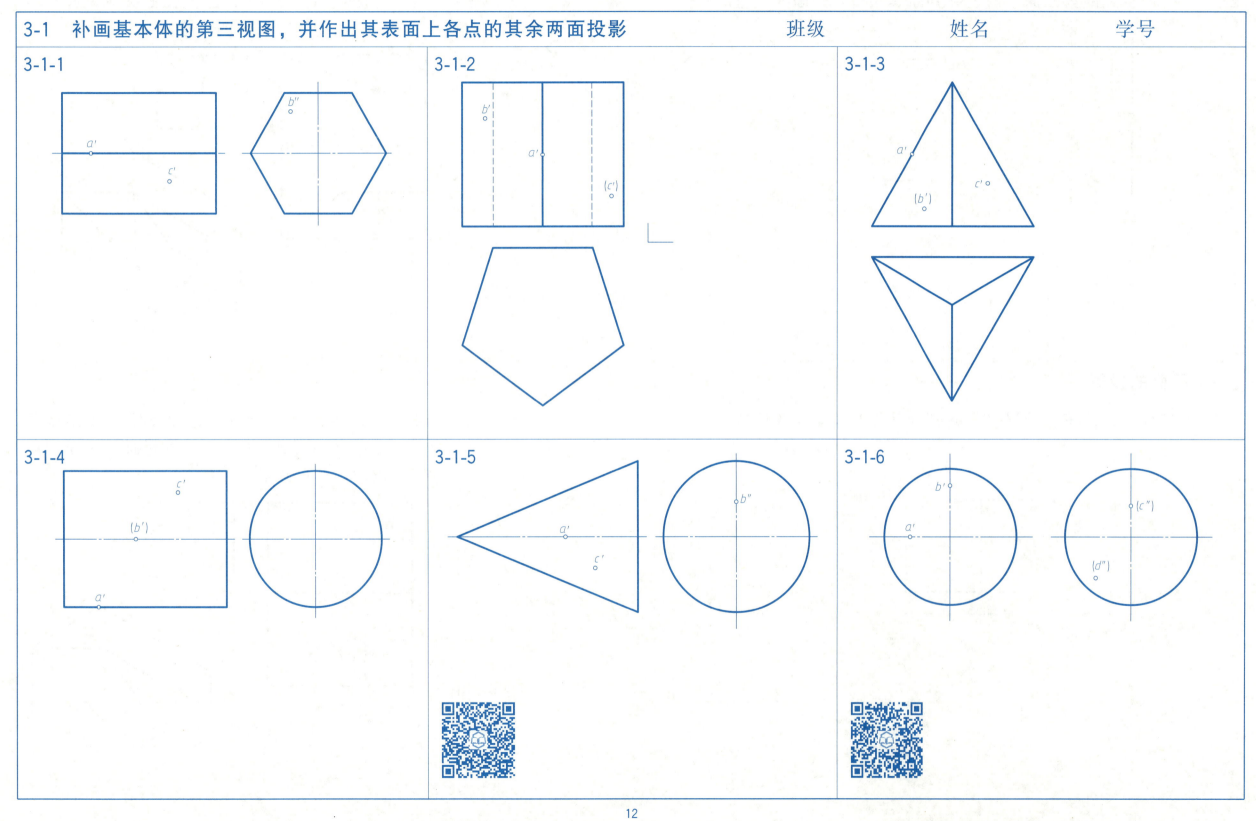

3-1-1

3-1-2

3-1-3

3-1-4

3-1-5

3-1-6

3-2-1

3-2-2

3-2-3

3-2-4

3-2-5

3-2-6

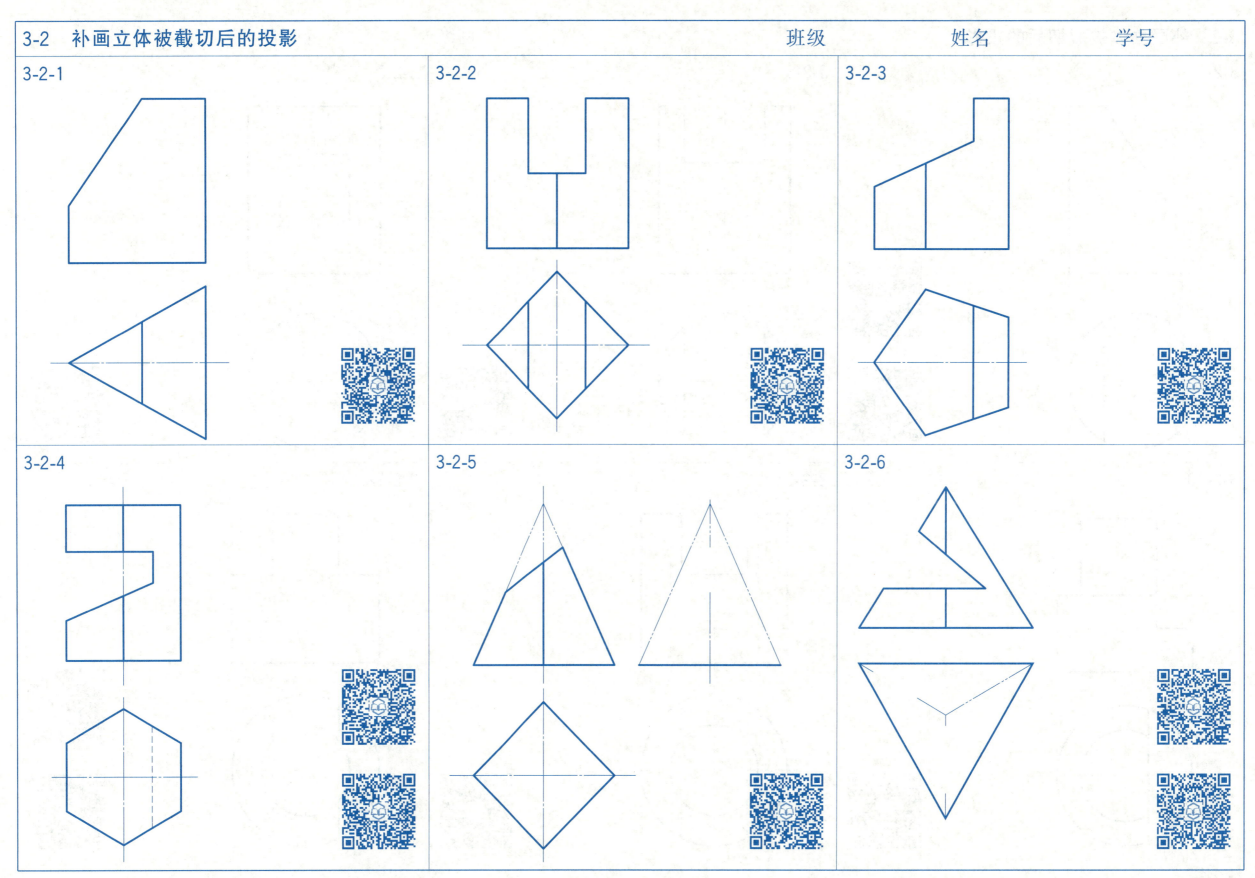

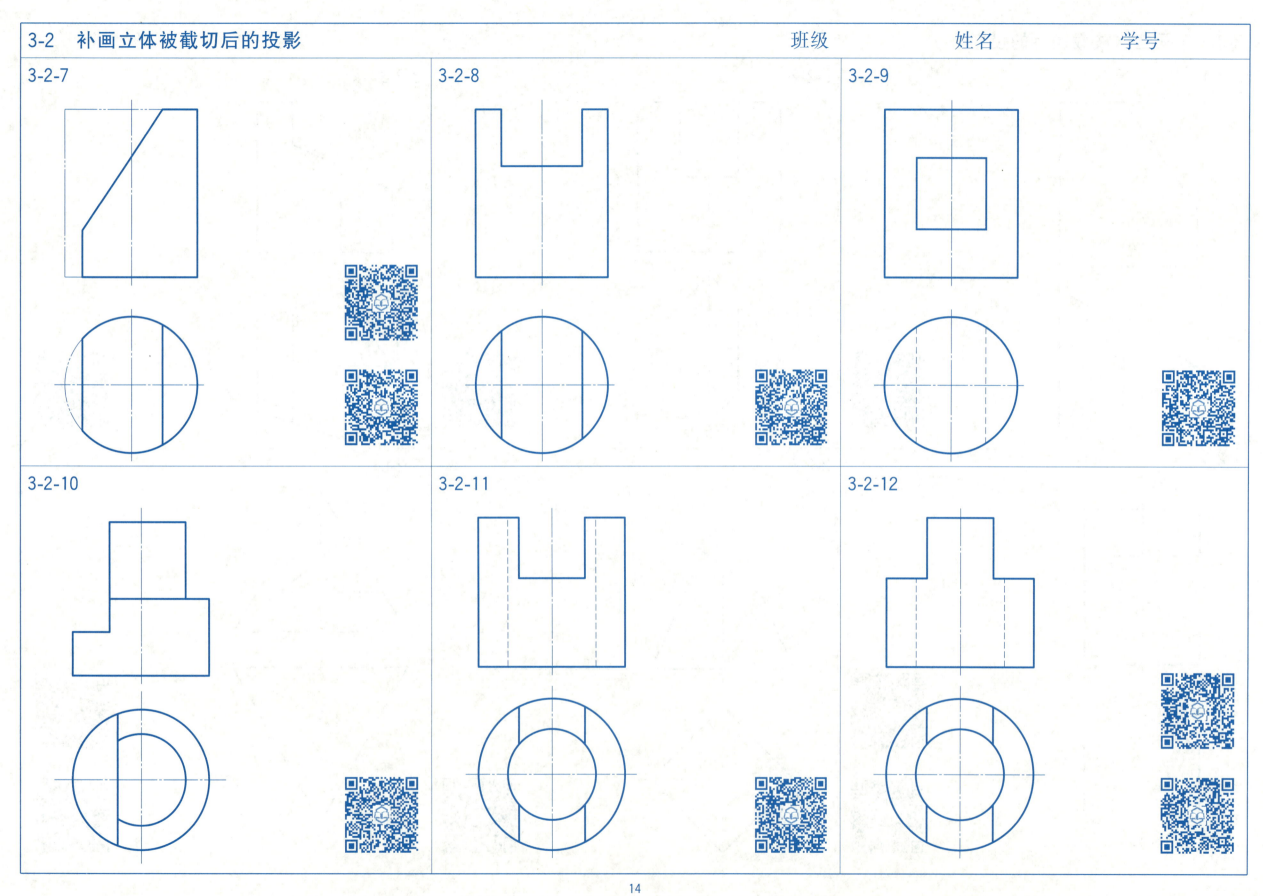

3-2-7

3-2-8

3-2-9

3-2-10

3-2-11

3-2-12

3-3 补画相贯体的投影

3-3-1

3-3-2

3-3-3

3-3-4

3-3-5

3-3-6

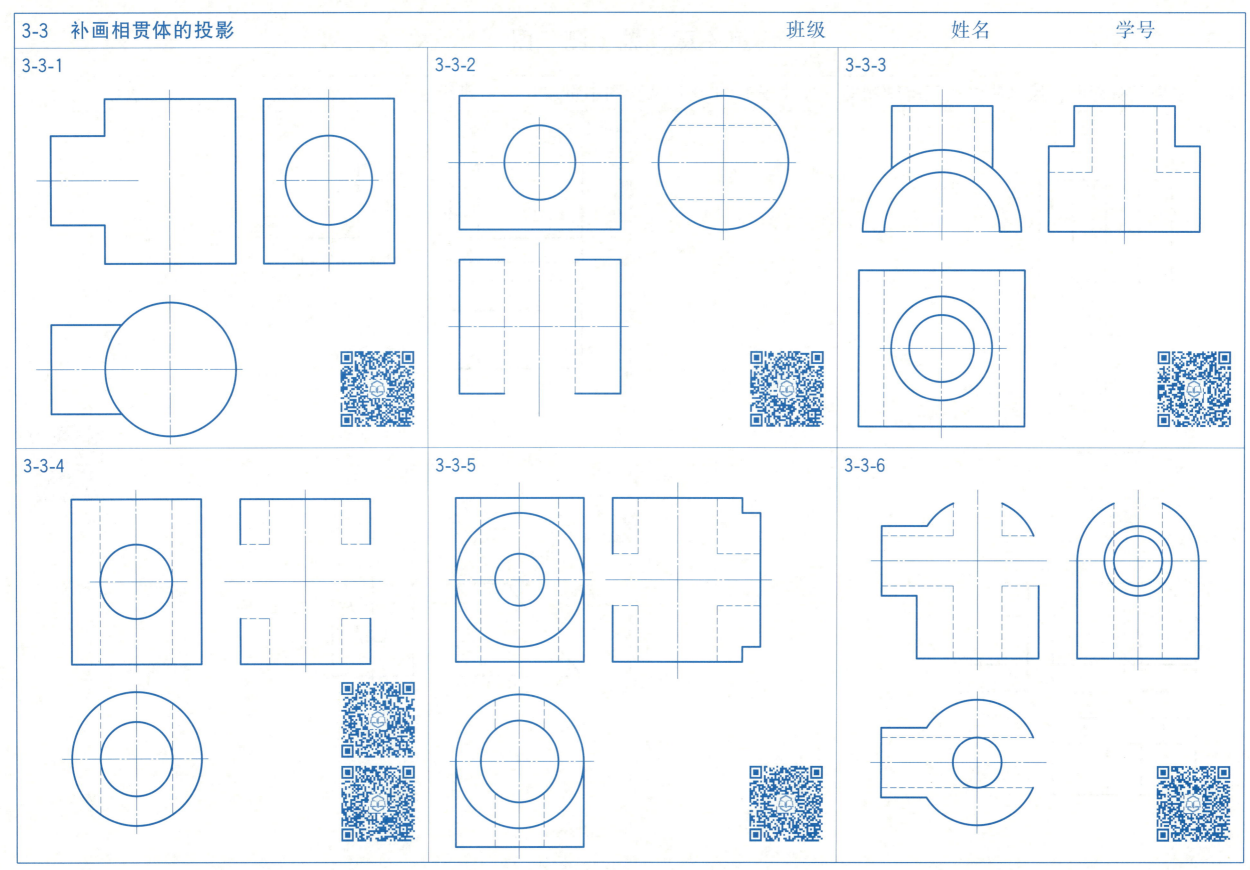

第 4 章　轴　测　图

4-1-1

4-1-2

4-1-3

4-1-4

4-1　根据已有视图，绘制物体的正等轴测图（尺寸按 1：1 比例从视图中量取）　　班级　　　　　姓名　　　　　学号

4-1-5

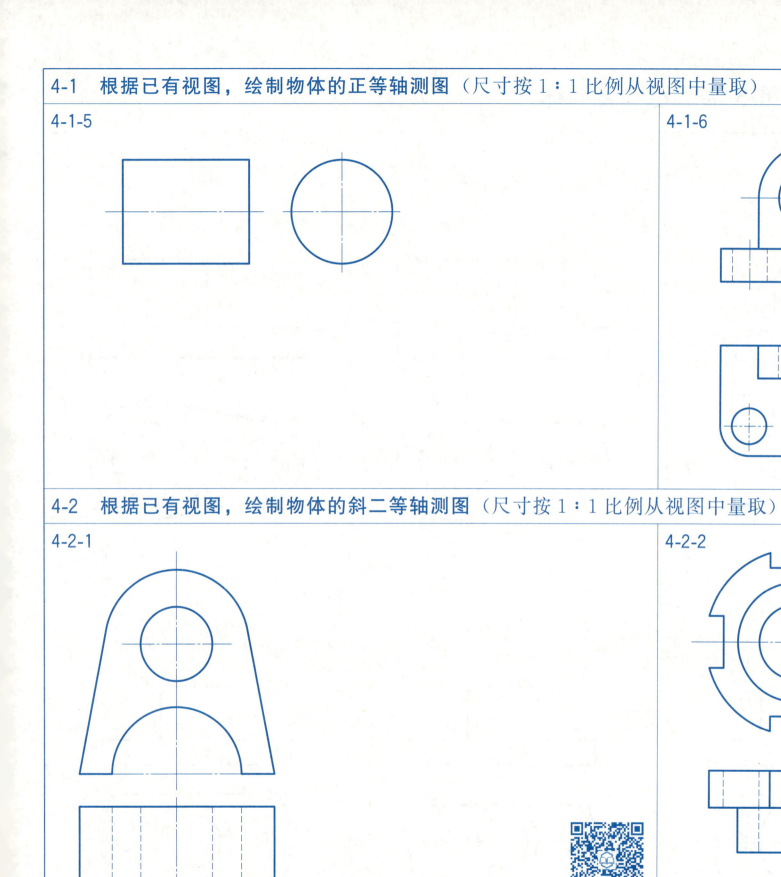

4-1-6

4-2　根据已有视图，绘制物体的斜二等轴测图（尺寸按 1：1 比例从视图中量取）

4-2-1

4-2-2

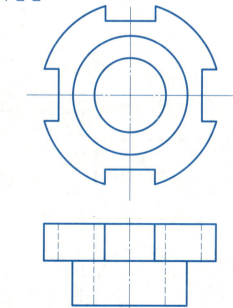

第 5 章 组 合 体

5-1-1

5-1-2

5-1-3

5-1-4

5-1-5

5-1-6

5-1-7

5-1-8

5-2-1

5-2-2

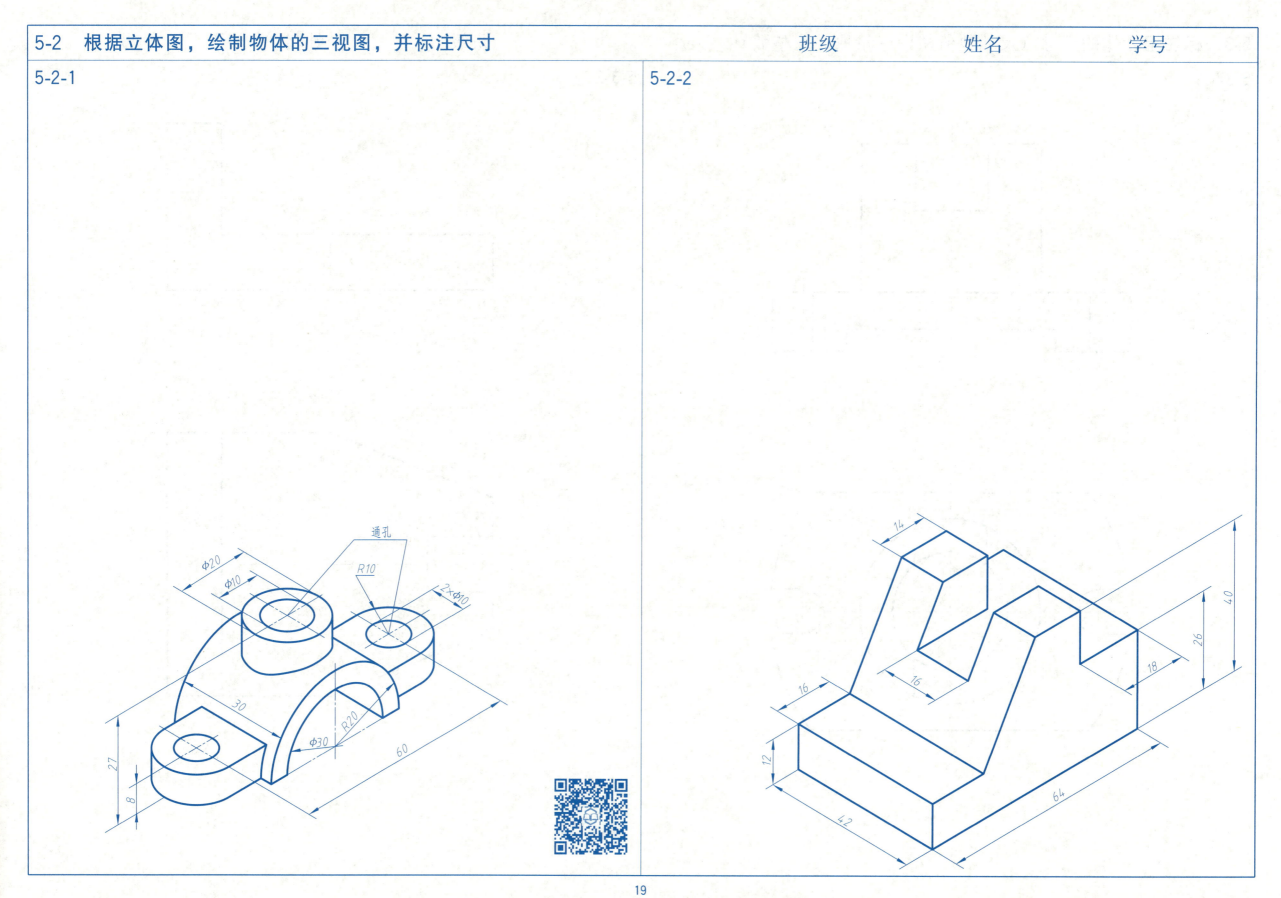

5-3-1

5-3-2

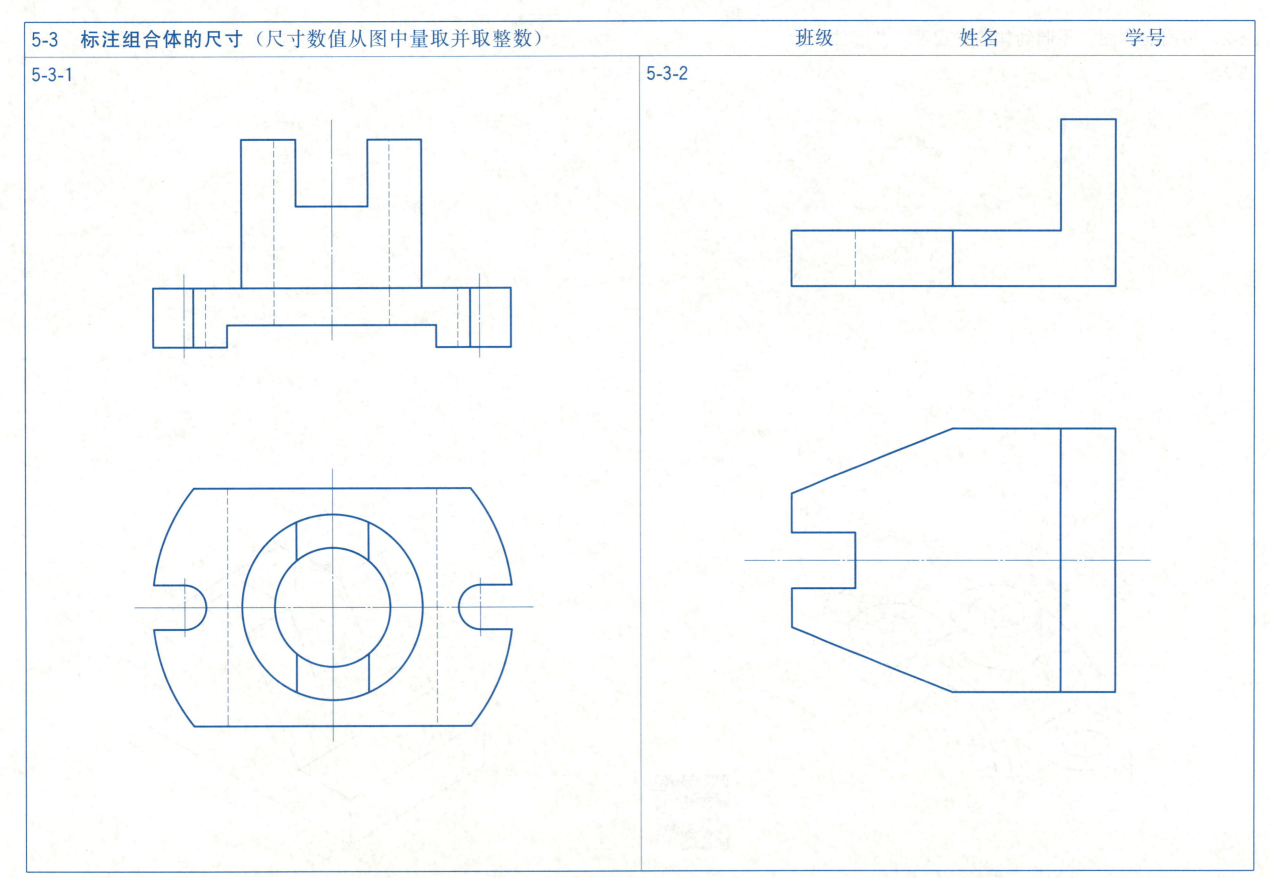

5-4 根据已有视图，补画漏线

5-4-1

5-4-2

5-4-3

5-4-4

5-4-5

5-4-6

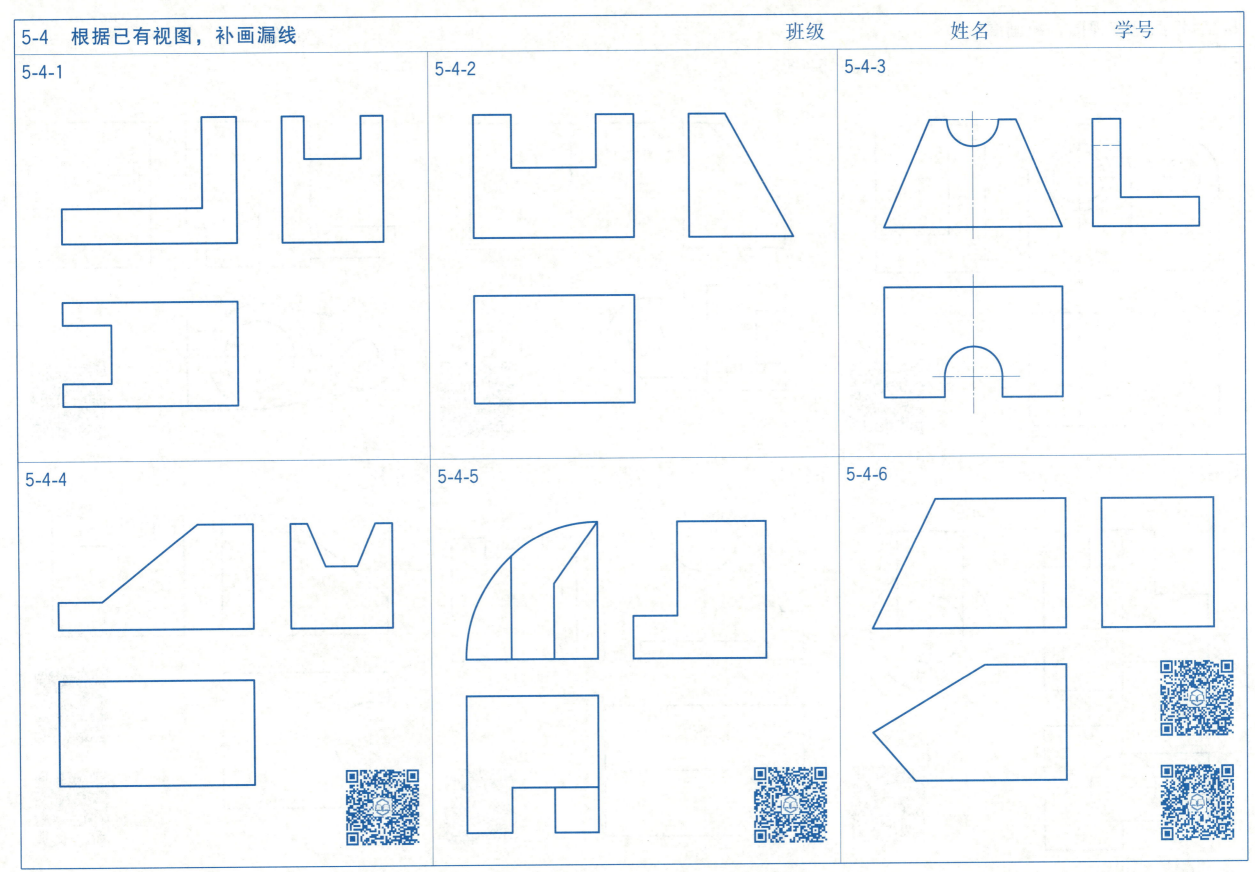

5-4-7

5-4-8

5-4-9

5-4-10

5-4-11

5-4-12

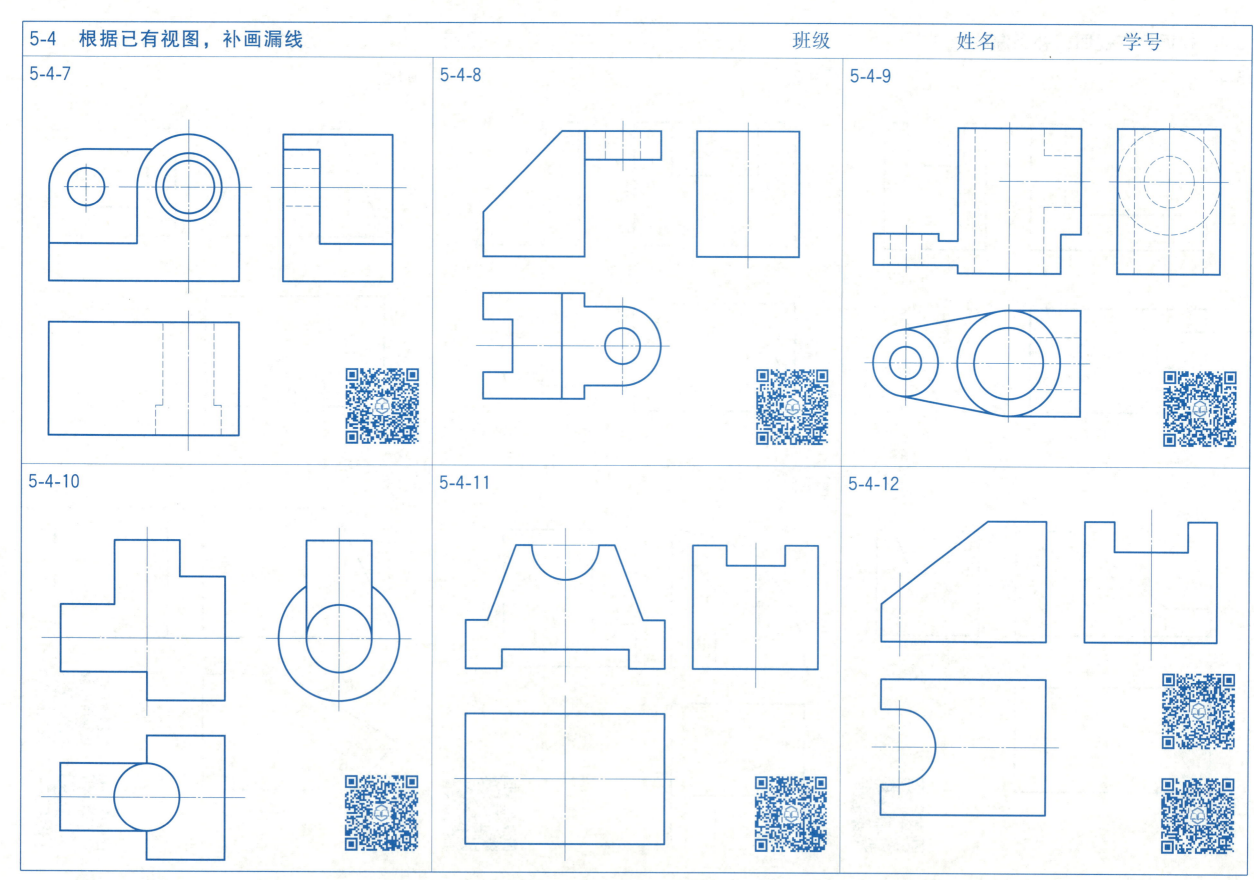

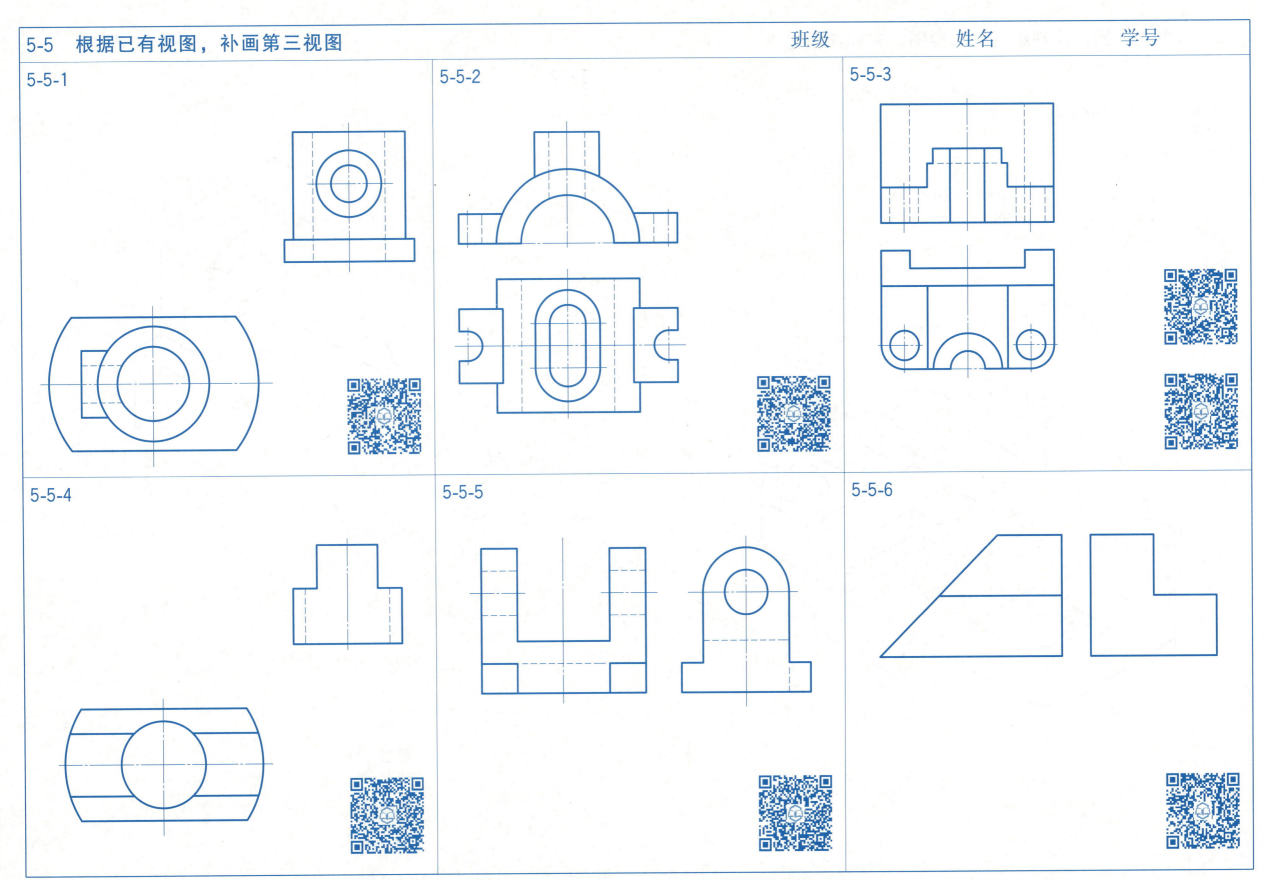

5-5　根据已有视图，补画第三视图

5-5-1

5-5-2

5-5-3

5-5-4

5-5-5

5-5-6

图名：组合体三视图。

内容：任选一题，选择图幅、确定比例，绘制组合体三视图，并标注尺寸。

目的：培养运用三视图表达组合体的能力。

要求：

（1）布图匀称合理，图面清晰、整洁。

（2）视图绘制正确，尺寸标注正确、完整、清晰。

（3）线型均匀一致且符合国家标准规定，图线粗细分明。

（4）认真书写文字、尺寸数字、箭头大小一致。

注意：图中的孔均为通孔。

5-6-1

5-6-2

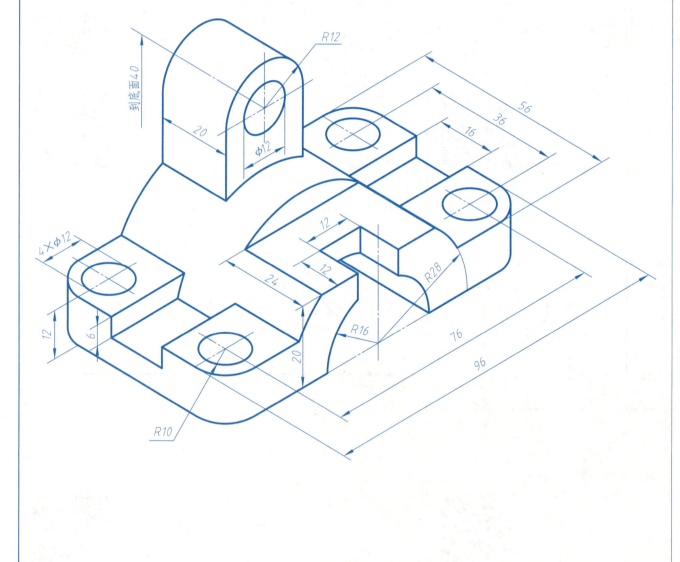

第 6 章　机件的表达方法

6-1　基本视图和向视图	班级　　　　姓名　　　　学号

6-1-1　补全六个基本视图。

6-1-2　在括号中填写正确的向视图名称。

6-1-3　根据已有视图，补画后、仰、右视图，并按规定标注。

6-1-4　绘制所给机件的六个基本视图（尺寸从图中量取）。

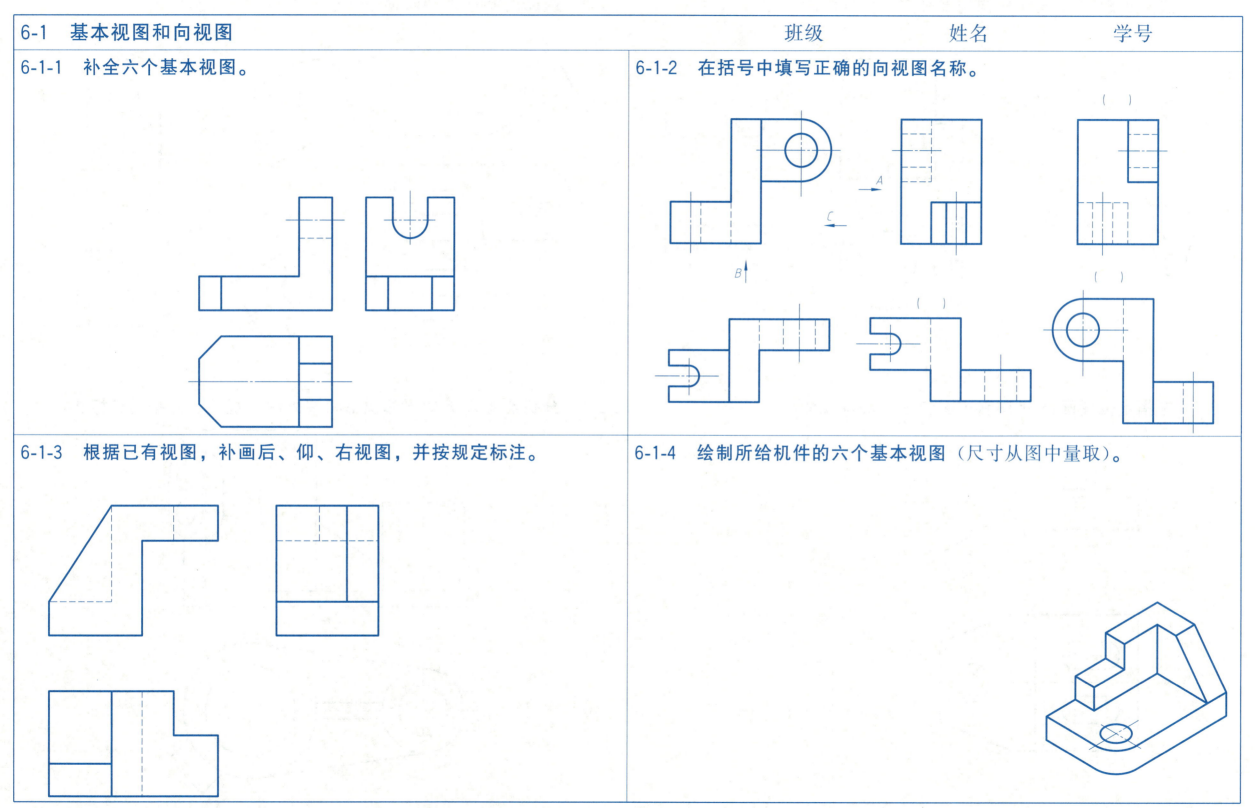

6-2-1 选择正确的 A 向和 B 向局部视图（括号内画√）。

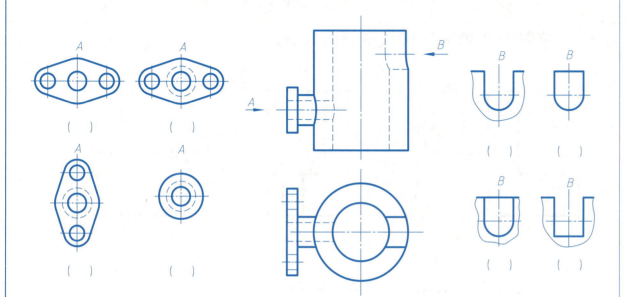

6-2-2 选择正确的 A 向斜视图（括号内画√，多选）。

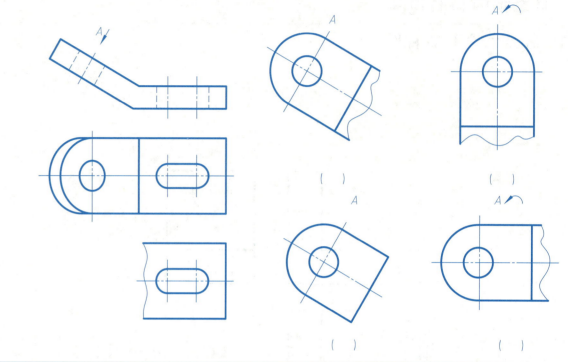

6-2-3 在指定位置画出 A 向斜视图和 B 向局部视图。

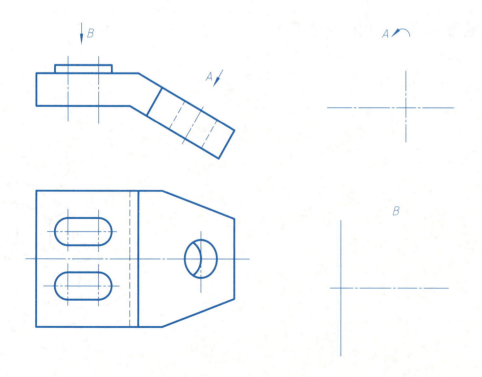

6-2-4 分别绘制 A 处的局部视图和 B 处的斜视图，并按规定标注。

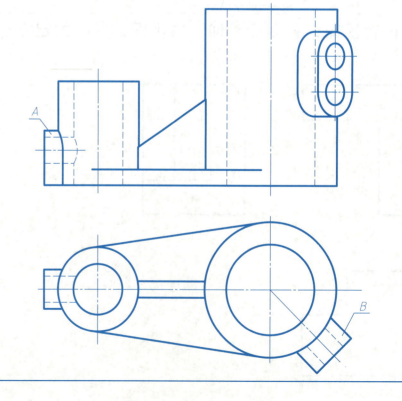

6-3-1　补画剖视图中所缺的图线。

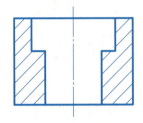 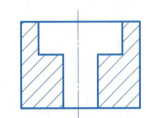 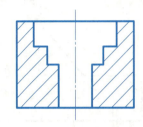

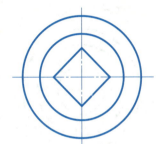 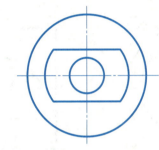 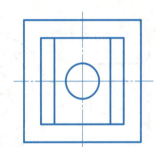

6-3-2　补画剖视图中所缺的线。

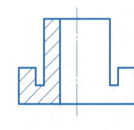 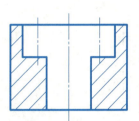 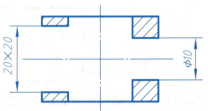

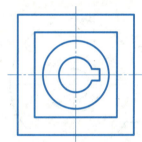 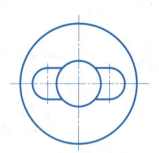 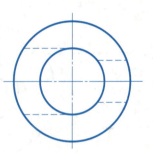

6-3-3　补画剖视图中所缺的图线，并完整标注剖切平面位置、投射方向及剖视图名称。

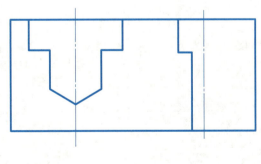 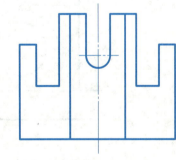 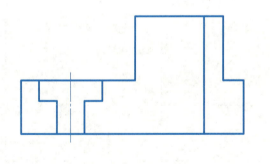 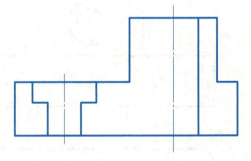

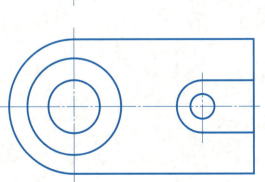 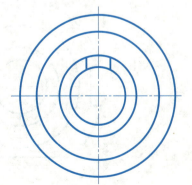 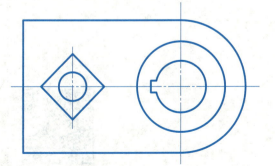 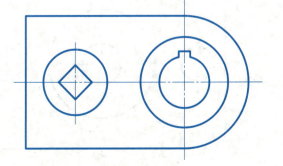

6-4-1　在指定位置将主视图改为全剖视图。

6-4-2　在指定位置将主视图改为全剖视图。

6-4-3　读懂主、俯视图，画出全剖的左视图。

6-4-4　读懂主、俯视图，画出全剖的左视图。

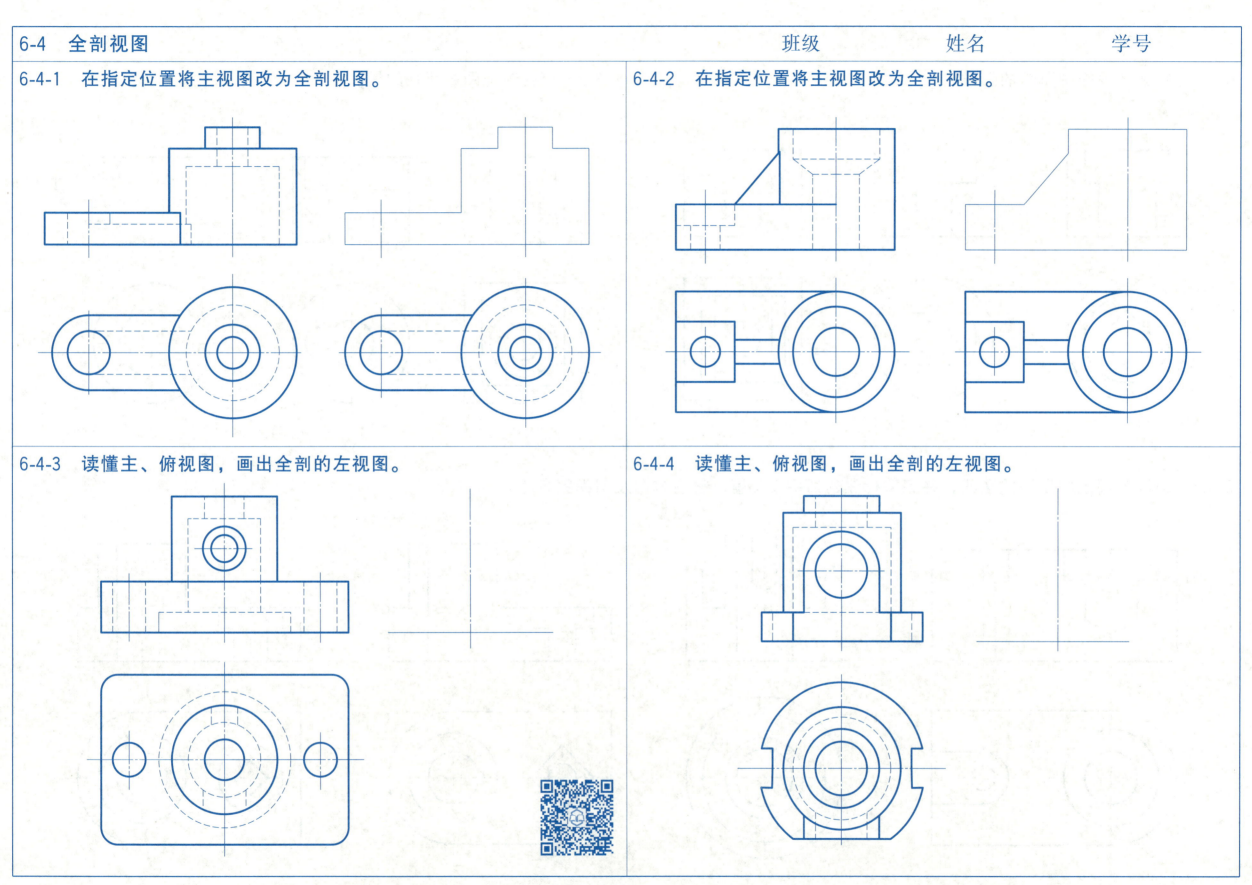

6-5-1 在指定位置将主视图改为半剖视图。

6-5-2 在指定位置将主视图改为半剖视图。

6-5-3 读懂主、俯视图，画出半剖的左视图。

6-5-4 读懂主、俯视图，画出半剖的左视图。

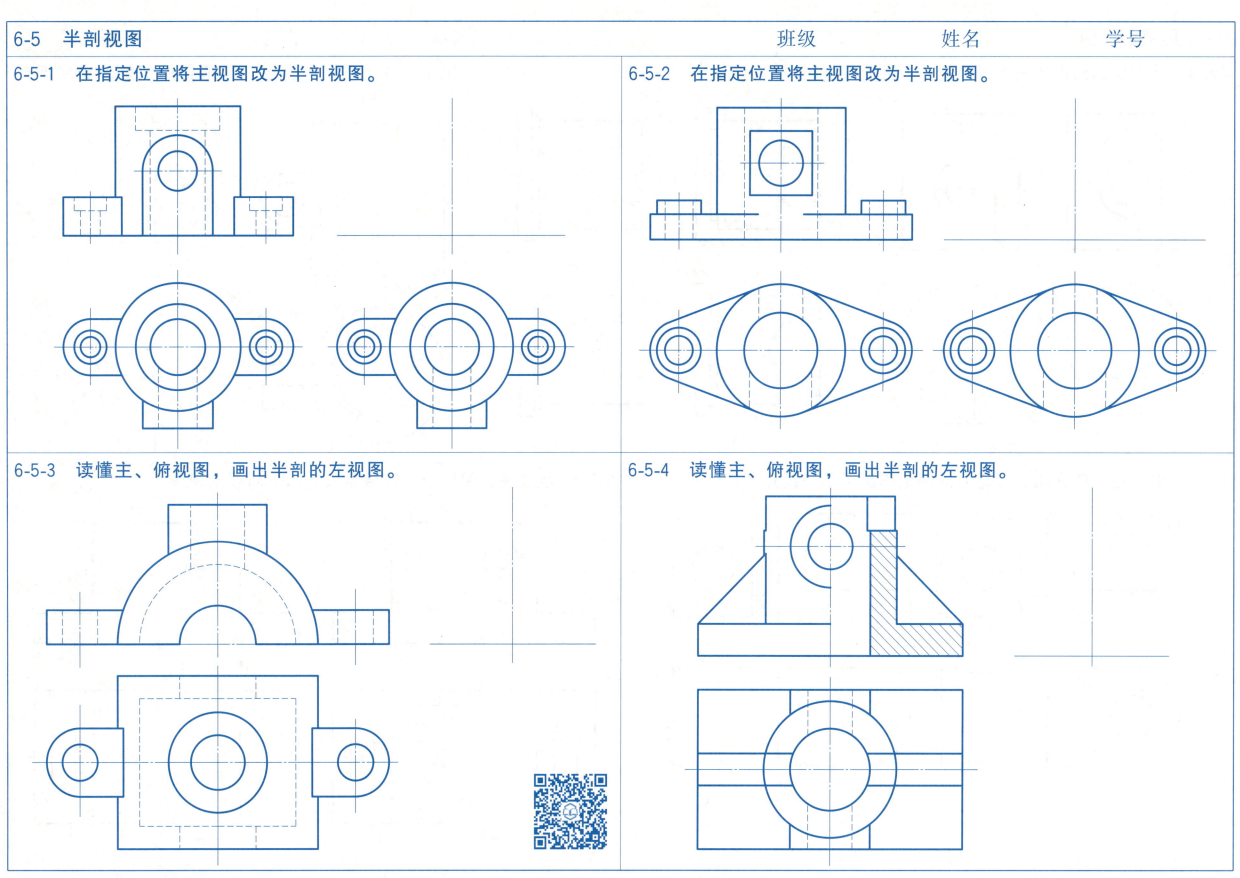

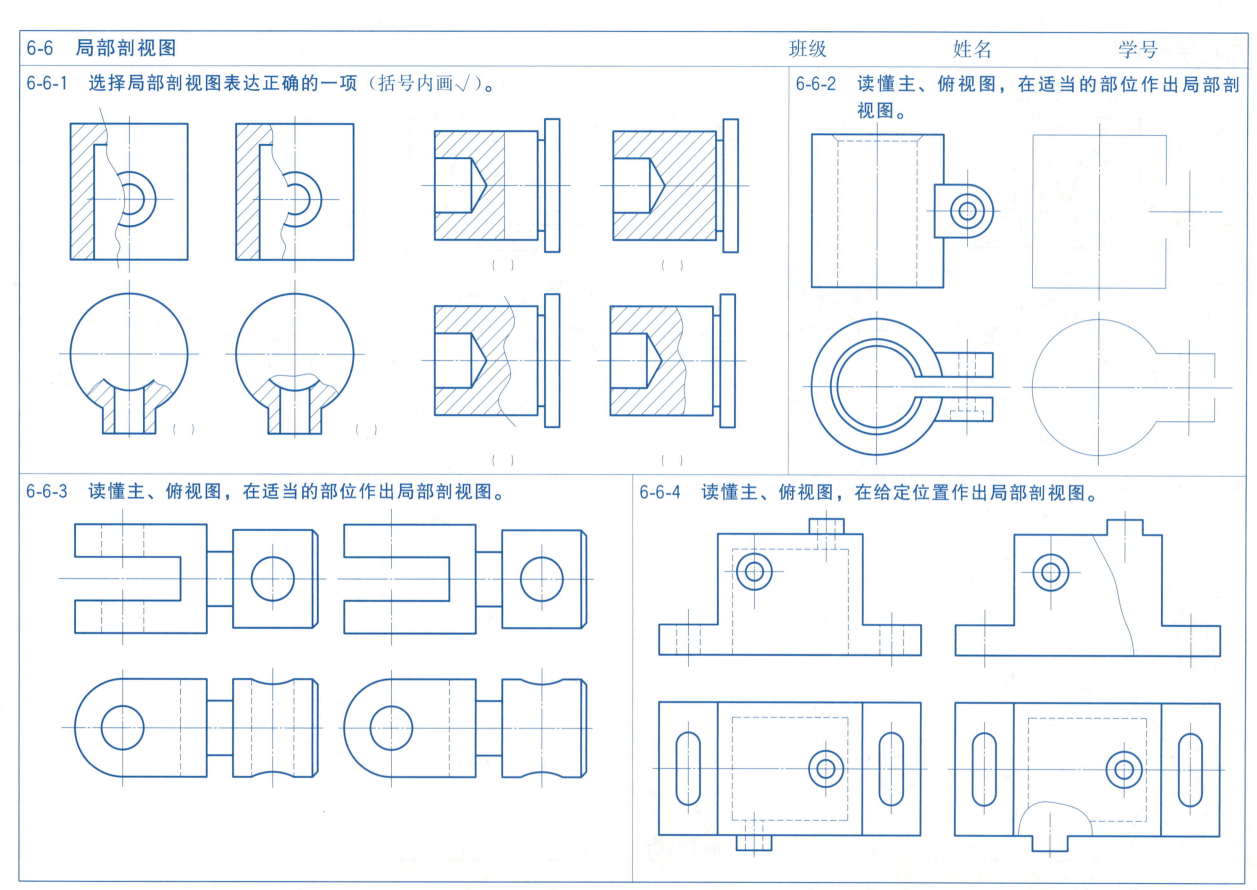

6-6 局部剖视图

班级　　　　　姓名　　　　　学号

6-6-1 选择局部剖视图表达正确的一项（括号内画√）。

(   )　(   )

(   )　(   )

6-6-2 读懂主、俯视图，在适当的部位作出局部剖视图。

6-6-3 读懂主、俯视图，在适当的部位作出局部剖视图。

6-6-4 读懂主、俯视图，在给定位置作出局部剖视图。

6-7-1

6-7-2

6-7-3

6-7-4

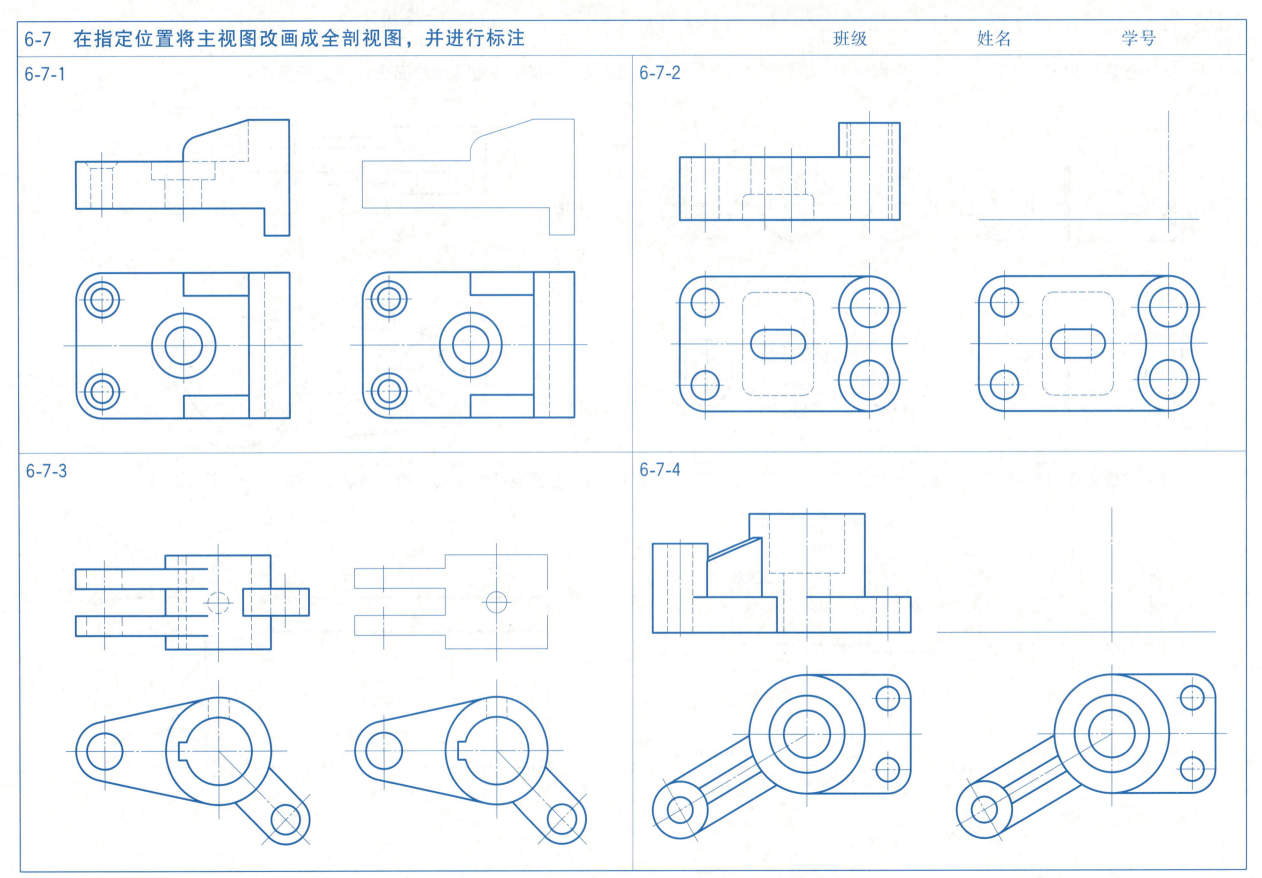

6-8-1　选择正确的移出断面图（在括号内画√）。

6-8-2　在指定位置画出断面图，并进行标注。

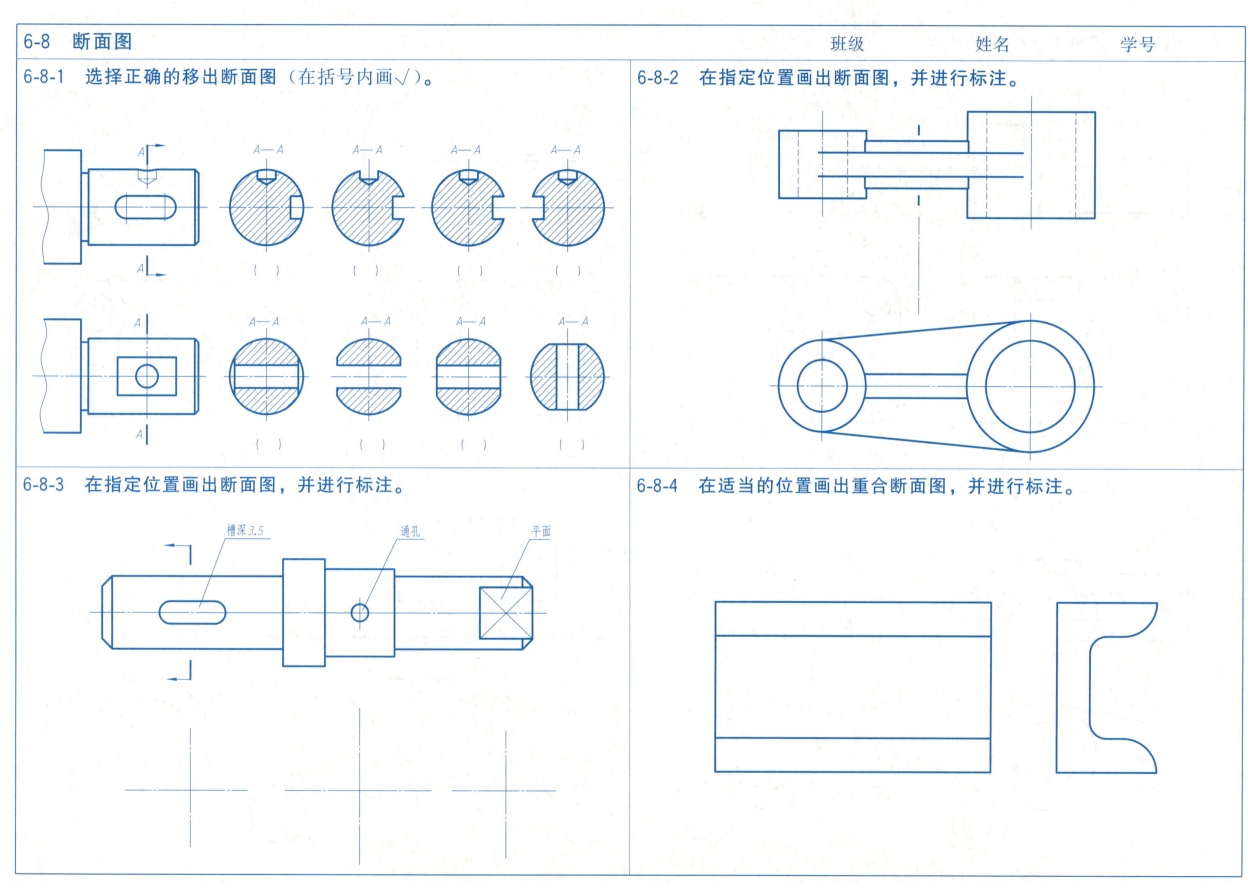

6-8-3　在指定位置画出断面图，并进行标注。

槽深3.5　　　通孔　　　平面

6-8-4　在适当的位置画出重合断面图，并进行标注。

6-9　机件的综合表达

内容：根据机件的立体图，选择合适的表达方案绘制图样，并标注尺寸。

目的：

（1）培养综合运用各种表达方法表达机件的能力。

（2）掌握合理选用不同的剖视图表达机件的内、外结构形状。

（3）掌握国家标准规定的简化画法。

要求：

（1）图幅：A3 图纸，比例自定，合理布置视图。

（2）完整、清晰地表达机件的内、外结构形状。

（3）标注尺寸完整、清晰，符合国家标准规定。

6-9-1

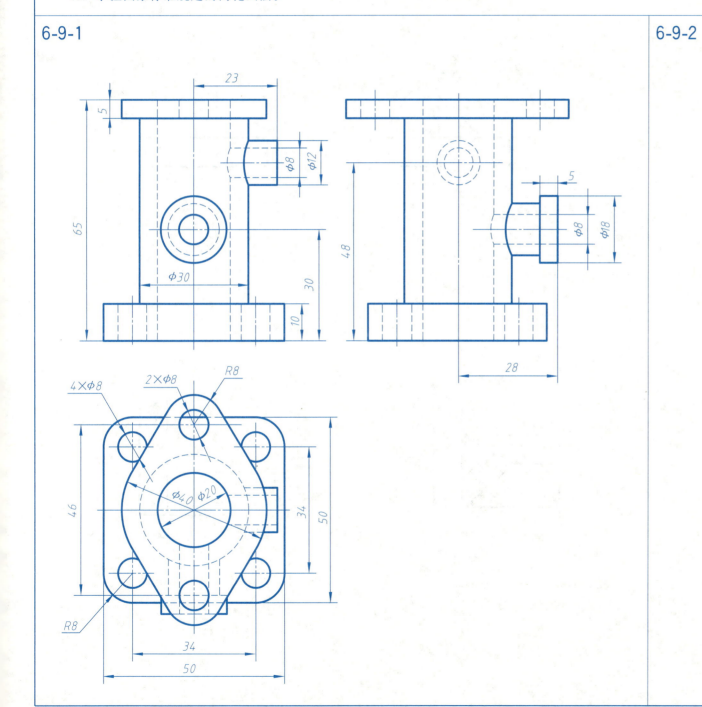

6-9-2

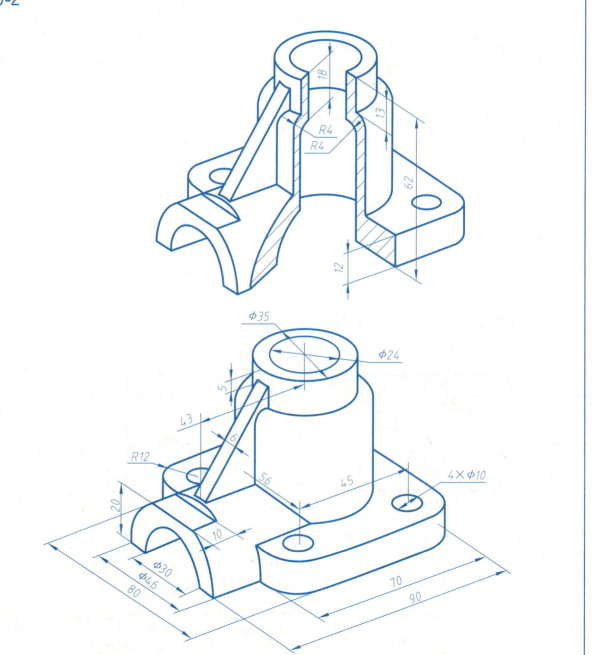

第7章 焊接图

7-1-1

7-1-2

7-1-3

7-1-4

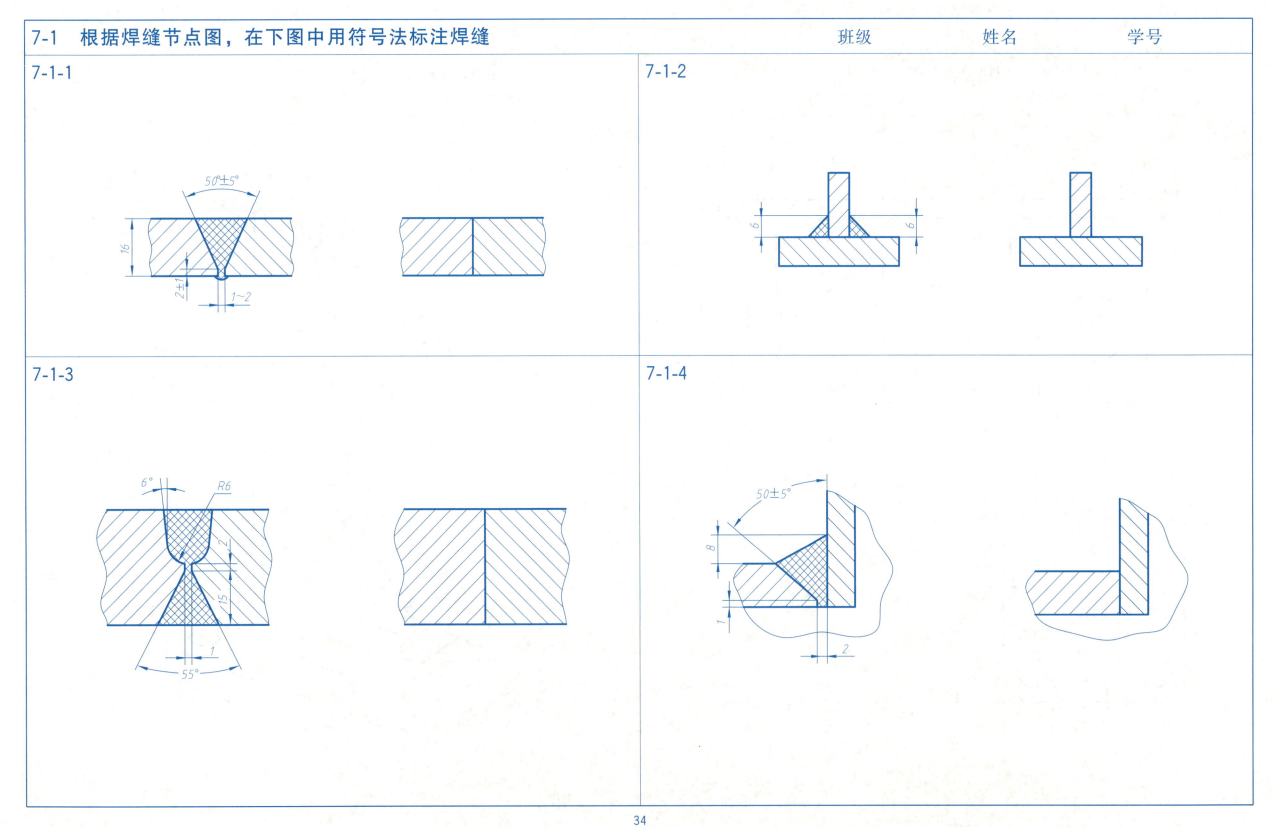

34

7-2 根据图中焊缝符号的标注，在该图右面绘制焊缝节点图，并用文字解释说明（焊缝可涂黑表示）

班级　　　　　姓名　　　　　学号

7-2-1

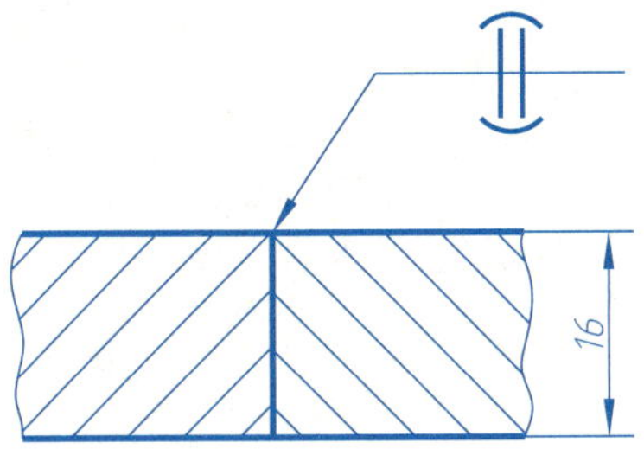

7-2-2

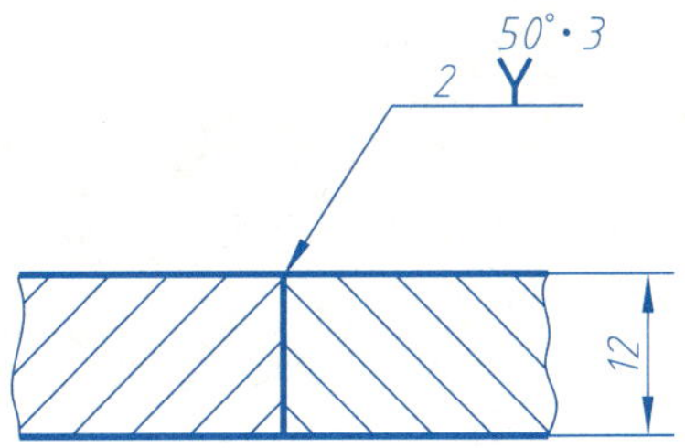

7-2-3

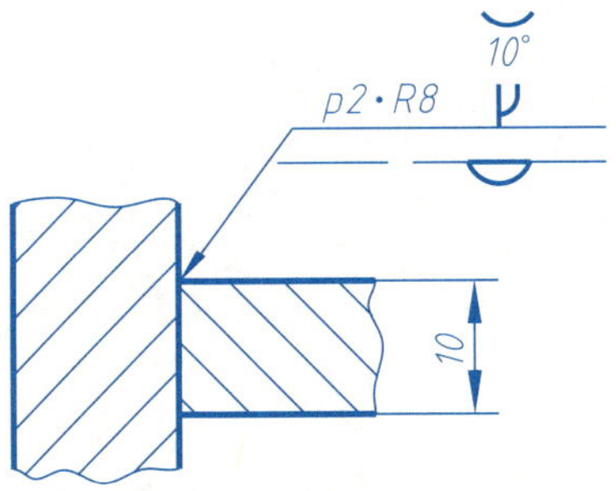

7-2-4

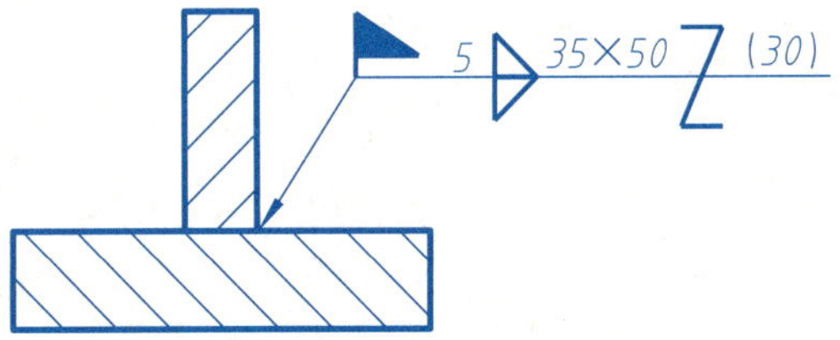

第 8 章　化工设备图

8-1　简答题

班级　　　　　姓名　　　　　学号

8-1-1　简述化工设备图的基本内容。	8-1-2　简述化工设备的结构特点。
8-1-3　简述化工设备图的表达方法。	8-1-4　化工设备标准化零部件有哪些？

8-2-1 公称压力 2.5MPa，公称直径 1000mm 的平面密封面长颈对焊法兰，其中法兰厚度改为 78mm，法兰总高度仍为 155mm。

写出其规定标记：

8-2-2 公称尺寸 DN65、公称压力 PN16、采用 Rc 螺纹的全平面螺纹钢制管法兰，材料为 316。

写出其规定标记：

8-2-3 容器公称直径 DN 为 1600mm，H 型钢支柱支腿，不带垫板，支承高度 H 为 2000mm。

写出其规定标记：

8-2-4 钢管制作的 4 号支承式支座，支座高度为 600mm，垫板厚度为 12mm，钢管材料为 10 钢，底板材料为 Q235B，垫板材料为 S30408。

写出其规定标记：

8-2-5 公称压力 PN40、公称直径 DN450、H_1 = 340mm、RF 型密封面、Ⅷ类材料、筒节厚度为 16mm，其中全螺纹螺柱采用 35CrMoA、垫片材料采用内外环和金属带为 304、非金属带为柔性石墨、D 型缠绕垫的水平吊盖带颈对焊法兰人孔。

写出其规定标记：

8-2-6 根据标记 EHB 273×6（4.9）-Q345R GB/T 25198—2010，解释封头的含义，查表确定其尺寸，参照下图绘制图形并标注尺寸。

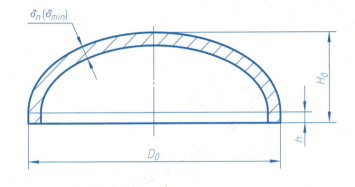

8-2-7　根据规定标记 NB/T 47065.1—2018，鞍式支座　BI800—F，解释支座的含义，查表标注尺寸。

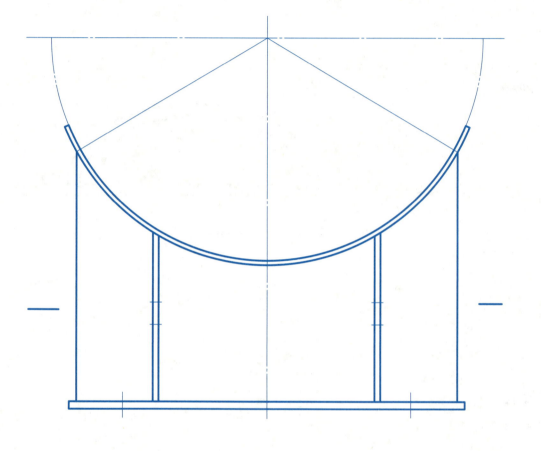

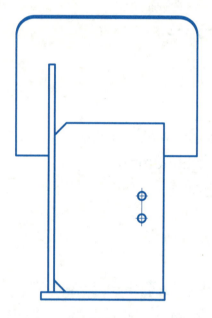

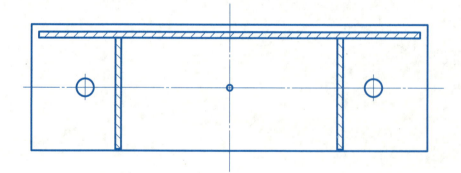

8-3 化工设备的阅读

8-3-1 换热器的装配图。

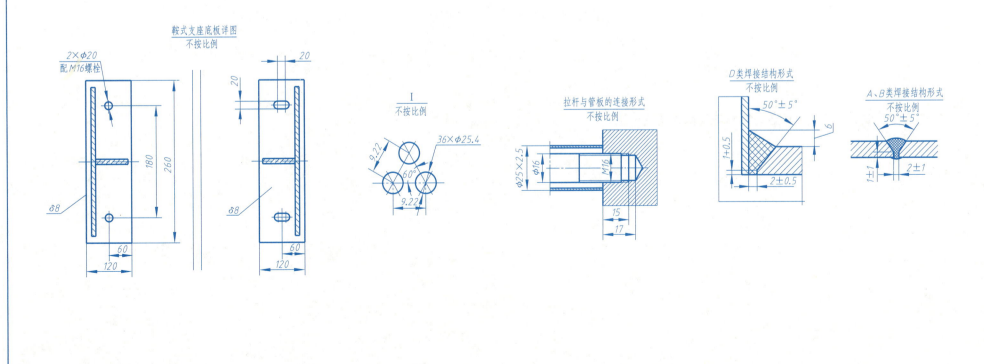

技术要求
1. 设备外表面涂漆。
2. 管口方位见本图。

管口方位图

鞍式支座底板详图
不按比例

拉杆与管板的连接形式
不按比例

D类焊接结构形式
不按比例

A、B类焊接结构形式
不按比例

设计数据表

管口表

符号	公称尺寸	公称压力	连接标准	法兰型式	连接面型式	用途或名称	设备中心线至法兰面距离
A	25	1.6	HG 20592	PL	RF	冷却水进口	见图
B	25	1.6	HG 20592	PL	RF	冷却水出口	见图
C	50	1.0	HG 20592	PL	RF	进料口	见图
D	20	1.0	G3/4		螺纹	排气口	见图
E	20	1.0	G3/4		螺纹	排净口	见图
F	25	1.6	HG 20592	PL	RF	出料口	见图

8-3 化工设备的阅读

8-3-2 阅读换热器的装配图，回答问题。

　　换热器是将热流体的部分热量传递给冷流体的设备，又称热交换器。换热器广泛应用于化工、石油、动力等工业部门，它的主要功能是保证工艺过程对介质所要求的特定温度，同时也是提高能源利用率的主要设备之一。

　　浮头式换热器其一端管板与壳体固定，而另一端的管板可以在壳体内自由浮动。壳体和管束对热膨胀是自由的，故当两种介质的温差较大时，管束与壳体之间不会产生温差应力。浮头端设计成可拆结构，使管束可以容易地插入或抽出，这样为检修和清洗提供了方便。这种形式的换热器特别适用于壳体与换热管温差应力较大，而且要求壳程与管程都要进行清洗的工况。

（1）图中有多少种零部件，其中有多少种标准零部件？

（2）分析该设备图视图特点，简述各视图表达的侧重点。

（3）分析该设备图尺寸。

　　　换热器的内径为：

　　　换热器的壁厚为：

　　　换热器的总长为：

　　　换热器的换热面积为：

（4）两个支座有何不同？哪个是滑动式支座？其滑动长度是多少？安装该设备需要预埋地脚螺栓安装尺寸是什么？

（5）绘制件 1 与件 3 的焊接详图。

（6）参照相关标准图例，绘制接管 C 简图，并按照标准标注尺寸。

8-3-3 反应釜的装配图。

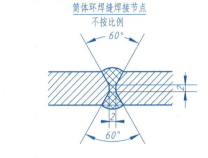

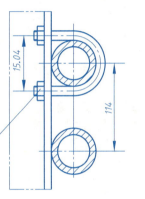

筒体环焊缝焊接节点
不按比例

筒体与夹套焊接节点
不按比例

I
不按比例

K—K

φ57×3.5

R30

设计数据表

规范	1. GB 150—1998《钢制压力容器》；　2.HG 20584—1998《钢制化工容器制造技术要求》； 3.1999《压力容器安全技术监察规程》；　4.HG/T 20569—1994《机械搅拌设备》			
		容器	夹套	压力容器类别	第一类
介质		有机醚醛、甲酸钠	蒸汽	焊条型号	按JB/T 4709规范
介质特性		中度毒性		焊接规程	按JB/T 4709规范
工作温度/℃		<200	<200	焊接结构	除注明外采用全焊透结构
工作压力/MPa		0.6	0.7	除注明外角焊缝腰高	按较薄板厚度
设计温度/℃		200	200	管法兰与接管焊接标准	按相应法兰标准
设计压力/MPaG		0.66	0.86	焊接接头类别	方法·检验率 标准·级别
腐蚀裕量		2	2	无损检测	容器 RT—20% JB 4730
焊接接头系数		0.85	0.85		夹套
热处理		消除应力整体热处理			容器 RT—20% JB 4730
水压试验压力		0.9/0.89/1.04			夹套
气密性试验压力		全容积/m³		6.25 操作容积5	
加热面积				搅拌器型式	桨式24—1773—2/7
保温层厚度/防火层厚度				搅拌转速 8r/min	
表面防腐要求				电机功率/防爆等级	电动机功率7.5kW
其他				管口方位	见本图

管口表

符号	公称尺寸	公称压力	连接标准	法兰型式	连接面型式	用途或名称	设备中心线至法兰面距离
A	80	1.0	HG 20593	PL	RF	蒸汽进口	150
B	32	1.0	HG 20593	PL	RF	蒸汽进口	200
C	50	1.0	HG 20593	PL	RF	进料口	100
D	50	1.0	HG 20593	PL	RF	出料口	200
E	32	1.0	HG 20593	PL	RF	蒸汽出口	200
F	20	1.0	HG 20593	PL	RF	液面显示口	200
G	50	1.0	HG 20593	PL	RF	排污口	250
H	32	1.0	HG 20593	PL	RF	冷凝液出口	150
PI	80	1.0	HG 20593	PL	RF	真空安全阀充气压力口	100
TI	20	1.0	HG/T 20593	PL	RF	测温口	100
M	450	1.0				人孔	250

技术要求

1. 凸缘的紧密面与轴线的垂直度允差为其外径的1/1000。
2. 设备组装后，在搅拌轴上端密封处测定轴的径向摆动量不得大于0.3mm；搅拌轴的轴向转动量不得超过±0.2mm；搅拌轴下端摆动量不得大于1.5mm。
3. 组装完毕后首先空运转15min，再以水代料进行试运转，时间不少于30min。在试运转过程中，不得有不正常的噪声[≤85dB(A)]和震动等不良现象。
4. 搅拌轴旋转方向应与图示一致，不得反转。
5. 设备制造完毕后，内容器以0.9MPa表压力进行水压试验。合格后，夹套和蛇管再分别以0.89 MPa和1.04 MPa的表压力进行水压试验，在夹套水压试验过程中内容器需保压不低于0.23 MPa。

明细表

序号	图号或标准号	名称	数量	材料	单质	总质	备注
40	HG 20593—2009	法兰 PL80—1.0RF	1	316L		3.59	
39		接管φ89×4	1	304	1.35		L=161
38		接管φ57×3.5	1	304	1.37		L=297
37	JF9908—1	温度计接管M27×2	1	组合件	0.37		
36	HG 20593—2009	法兰 PL20—1.0RF	1	316L		0.94	
35		接管φ25×3	1	304			L=211
34	GB/T 6170	螺母M8	42	304	0.004	0.1974	
33	JF9908—1	U型螺栓M8	21	304	0.06	1.27	
32		进料管φ57×3.5	1	304	19.4		L=4200
31		内筒体 DN1800 δ=12	1	316L	1315		H=2100
30		夹套筒体 DN2000 δ=12	1	Q235-B	958		H=1610
29		固定管卡200×20×6	2	316L	0.19	0.38	
28	JF9908—1	搅拌器 DN1000	1	304	44.9	99.8	
27	JF9908—1	搅拌器 φ110	1	304	167		L=2235
26	HG 20593—2009	法兰 PL32—1.0RF	6	316L	1.86	1.16	
25		接管φ38×2.5	2	304	0.78	1.56	L=358
24	HG/T 20593—2009	法兰 PL32—1.0RF	6	316L	1.86	1.16	
23		接管φ38×2.5	2	304	0.78	1.56	L=358
22	HG/T 21570—1997	联轴器 C110	2	组合件	92.0		
21	JF9908—1	凸缘	1	组合件	131.4		
20	JF9908—1	传动轴	1	304	164		L=1840
19		减速机 XLEB7.5—106—187	1	组合件	853		
18	CD 130B	机架 SJ110A	1	组合件	163		

17	HG/T 21537.8—1992	填料箱 PN1.6 DN130	1	316L		54.0	
16	HG 21600—1999	人孔 450×350	1	组合件	112.2		HI=250
15	HG 20593—2009	法兰 PL80—1.0RF	1	Q235-B		3.59	
14		接管φ89×4	2	20	1.33		L=159
13	HG/T 20593—2009	法兰 PL80—1.0RF	1	Q235-B		3.59	
12		接管φ89×4	1	304	1.33		L=159
11	NB/T 47065.3—2018	耳座 B4	4	Q235A F/Q235B		6.7	
10		支架 L60×4×2120	1	304	7.72	23.2	弯制
9		蛇管φ38×2.5	1	304		162	L=74000
8		加强圈 L50×50×5	11	Q235-A F	27.9	307	L=5810
7	GB/T 25198—2010	封头 EHA1800×14	1	316L	405	810	H=25
6		垫板100×100 δ=12	1	316L	0.63	1.89	
5	GB/T 25198—2010	封头 EHA2000×12	1	Q235-B		425	H=25
4	HG/T 20593—2009	法兰 PL50—1.0RF	3	316L	2.77	8.31	
3		接管φ57×3.5	1	304	1.2		L=261
2	HG/T 20593—2009	法兰 PL32—1.0RF	1	Q235-B		1.86	
1		接管φ38×3.5	1	20	0.48		L=159

××××工程公司			容器等级 甲级	证书编号 0123
项目		反应釜	装置/工区	02
2010 兰州	专业 设备		幕张兵焦	图号 01—02

8-3 化工设备的阅读

8-3-4 阅读反应釜的装配图，回答问题。

（1）认真阅读反应釜图样写出以下数据：

　　工作压力：

　　工作温度：

　　搅拌器转速：

　　设备总高：

（2）简述图中俯视图表达的侧重点，什么情况采用这种表达方式？

（3）简述接管 G 的用途，写出其规格尺寸、连接面形式、标准号。

（4）参照相关标准图例，绘制部件 11 简图，并标注尺寸。

第 9 章 化工工艺图

9-1 根据碱液配置单元流程说明，绘制该装置的工艺流程示意图   班级   姓名   学号

　　自外管来的 42％碱液经管道（WC1001）间断送入碱液罐（V1017），并经管道（WC1002）自流到配碱罐（V1015）内，配制成 15％的碱液，一部分经管道（WC1009）间断送入碱液中间罐（V1010）内供使用；另一部分经管道（WC1003）自流到稀碱液罐（V1016），再经管（WC1004）由配碱泵（P1004A、P1004B）经管道（WC1005）送入尾气碱洗塔（T1003）使用。配碱泵为两台并联，还可供打回流，稀碱液经管道（DR1009）送入配碱罐（V1015），起搅拌作用。

　　原水（新鲜水）经管道（RW1004）加入配碱罐（V1015）中，将 42％碱液配制成 15％碱液。碱液罐中气体由放空管（VT1001）放空。

9-2-1　甲醇合成车间工段 A 的工艺管道及仪表流程图。

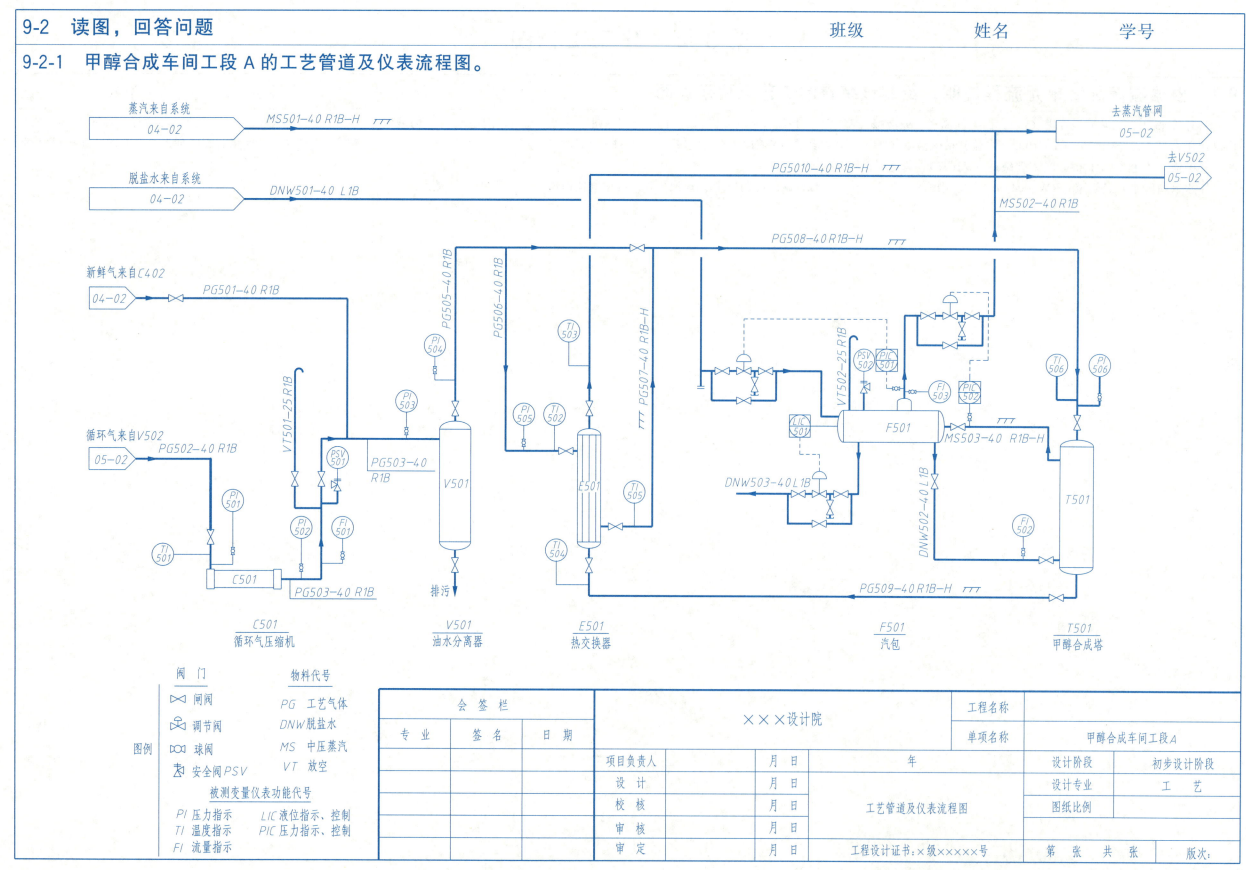

9-2-2　甲醇合成车间工段 A 的设备布置图。

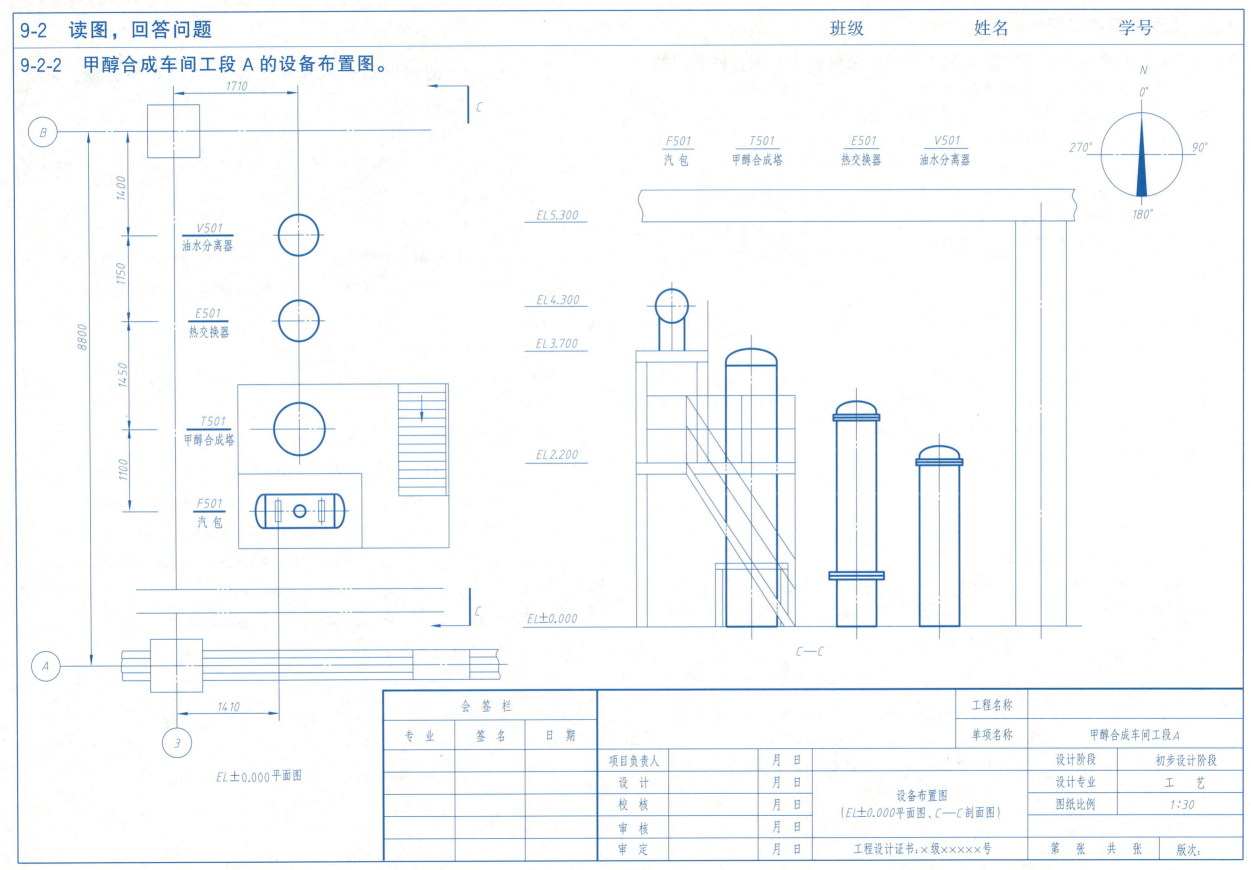

F501	T501	E501	V501
汽包	甲醇合成塔	热交换器	油水分离器

V501 油水分离器
E501 热交换器
T501 甲醇合成塔
F501 汽包

EL5.300
EL4.300
EL3.700
EL2.200
EL±0.000

C—C

EL±0.000平面图

会签栏			工程名称	
专业	签名	日期	单项名称	甲醇合成车间工段A
			设计阶段	初步设计阶段
项目负责人		月 日	设计专业	工 艺
设 计		月 日	图纸比例	1:30
校 核		月 日	设备布置图	
审 核		月 日	(EL±0.000平面图、C—C剖面图)	
审 定		月 日	工程设计证书：×级××××号	第 张 共 张　版次：

9-2-3 阅读甲醇合成车间工段 A 的工艺管道及仪表流程图，回答问题。

（1）了解标题栏和图例说明，从中了解图样的名称、各种图形符号、代号的意义。

▷◁ 表示：_____　　PG 表示：_____　　VT 表示：_____　　LIC 表示：_____

⋈ 表示：_____　　DNW 表示：_____　　PI 表示：_____　　PIC 表示：_____

▷◁ 表示：_____　　MS 表示：_____　　TI 表示：_____　　FI 表示：_____

__ 表示：_____

（2）掌握设备的名称、位号和数量。

该工段有 _____ 台设备，从左到右分别是 _____、_____、_____、
_____、_____。

（3）分析物料流程线。

分析主物料流程线。来自 V502 的循环气经管道 _____ 进入 _____ 升压后，和来自 C402 的新鲜气经管道 _____ 按一定比例混合后经管道 _____ 送至 _____ 进行油水分离，净化后的工艺气体一部分经管道 _____ 进入 _____ 进行预热，另一部分经管道 _____ 进入 _____ 进行合成反应；合成气再进入 _____，预热后循环使用。甲醇合成塔为列管式等温反应器，管内装有甲醇合成催化剂，管外是来自汽包沸腾的脱盐锅炉水，反应中产生大量的中压蒸汽，进入汽包，减压后送至蒸汽管网。

分析其他物料流程线。分析描述脱盐水（DNW）的流向。

（4）了解阀门的种类、数量、作用等。

在设备进出口接管处均有 _____ 阀，在汽包（F501）进出口处有三个 _____ 阀，每个调节阀配有前、后切断阀和旁路阀。循环气压缩机（C501）出口处有 _____ 阀（PSV501）。压力表和温度表与管道连接处有 _____ 阀。

（5）了解仪表控制点。

该流程图中共有 6 块就地安装的温度指示表，分别为 _____、_____、_____、_____、_____、_____。监测各设备进出口的温度；有 6 块就地安装的压力指示表，分别为 _____、_____、_____、_____、_____、_____，监测各设备进出口的压力；流量指示表有 3 块 _____、_____、_____，分别监测循环气压缩机、甲醇合成塔和汽包的流量；集中控制的液位指示仪表有 1 块 _____，监测汽包的液位；集中控制的压力指示仪表有 2 块 _____、_____，监测汽包进出口的压力。

9-2-4 阅读甲醇合成车间工段 A 的设备布置图，回答问题。

（1）了解标题栏

从标题栏可知，该图为甲醇合成车间工段 A 平面图、_____ 剖面图的设备布置图。绘图比例为 _____。

（2）了解厂房

从图中可知，该甲醇合成车间为单层厂房，从方向标可知，此区域有南墙，南墙有一个柱子，向北距离 _____ 处有一个柱子，厂房定位轴线南北方向标注 _____ 和 _____，东西方向标注 _____。

（3）分析设备

从图中可知，该工段有 _____ 台设备，分别是 _____、_____、_____。

（4）水平定位尺寸分析

南北方向定位尺寸：基准为厂房定位轴线 _____，油水分离器（V501）距离定位轴线尺寸为 _____，热交换器（E501）轴线距离油水分离器（V501）的轴线尺寸为 _____，甲醇合成塔（T501）轴线距热交换器（E501）的轴线尺寸为 _____，汽包（F501）轴线距离甲醇合成塔（T501）轴线尺寸为 _____。

东西方向定位尺寸：基准为厂房定位轴线 _____，油水分离器（V501）、热交换器（E501）和甲醇合成塔（T501）的轴线定位尺寸均是 _____；汽包（F501）的支座定位尺寸是 _____。

（5）标高分析

油水分离器（V501）、热交换器（E501）和甲醇合成塔（T501）均是立式设备，在地面上安装；汽包（F501）安装在标高为 _____ 的平台上，其中心线标高为 _____，屋顶标高为 _____。

9-3-1

9-3-2

9-3-3

9-3-4

9-3-5

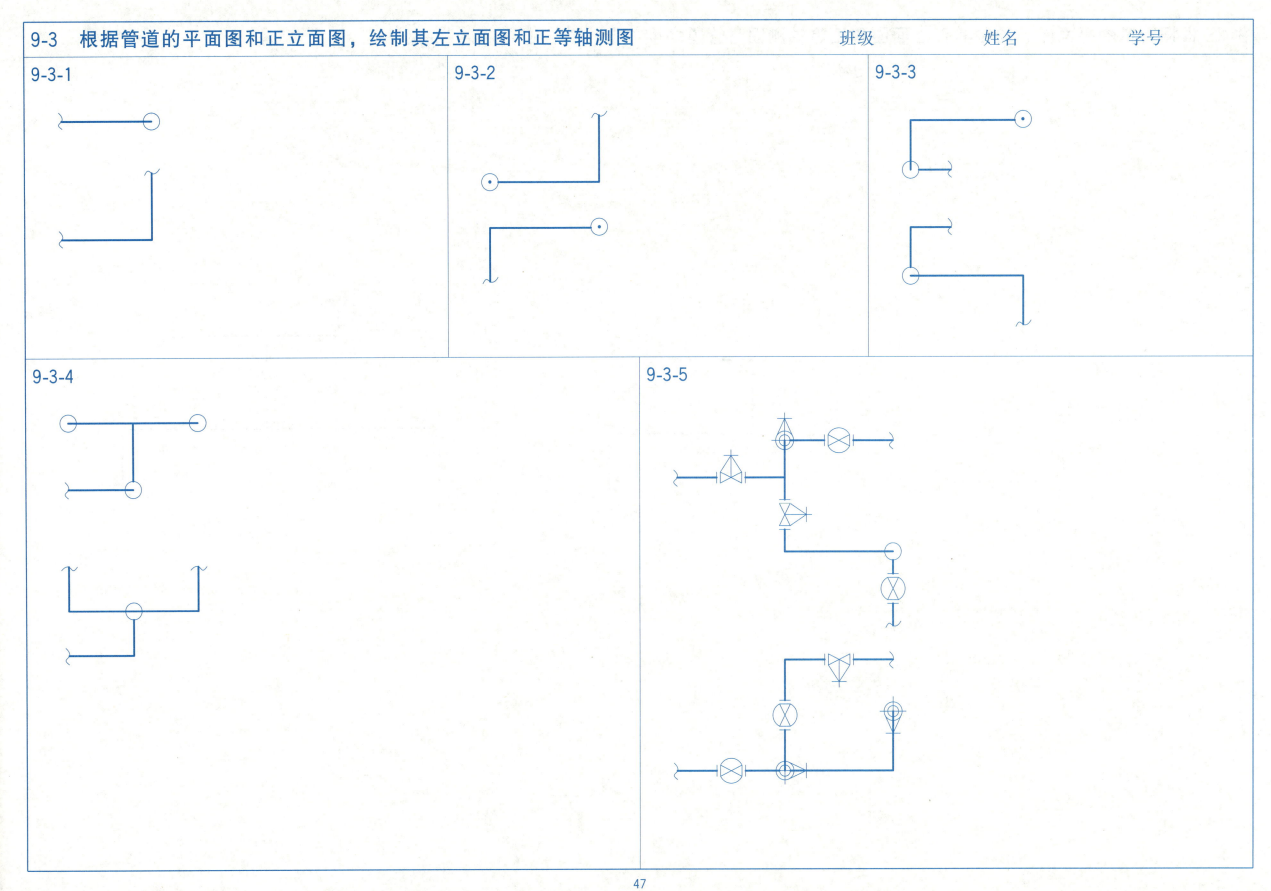

9-4 根据管道的平面图，绘制其正立面图和正等轴测图（管道高度方向尺寸自定）　　班级　　　姓名　　　学号

9-4-1

9-4-2

9-4-3

9-5-1

9-5-2

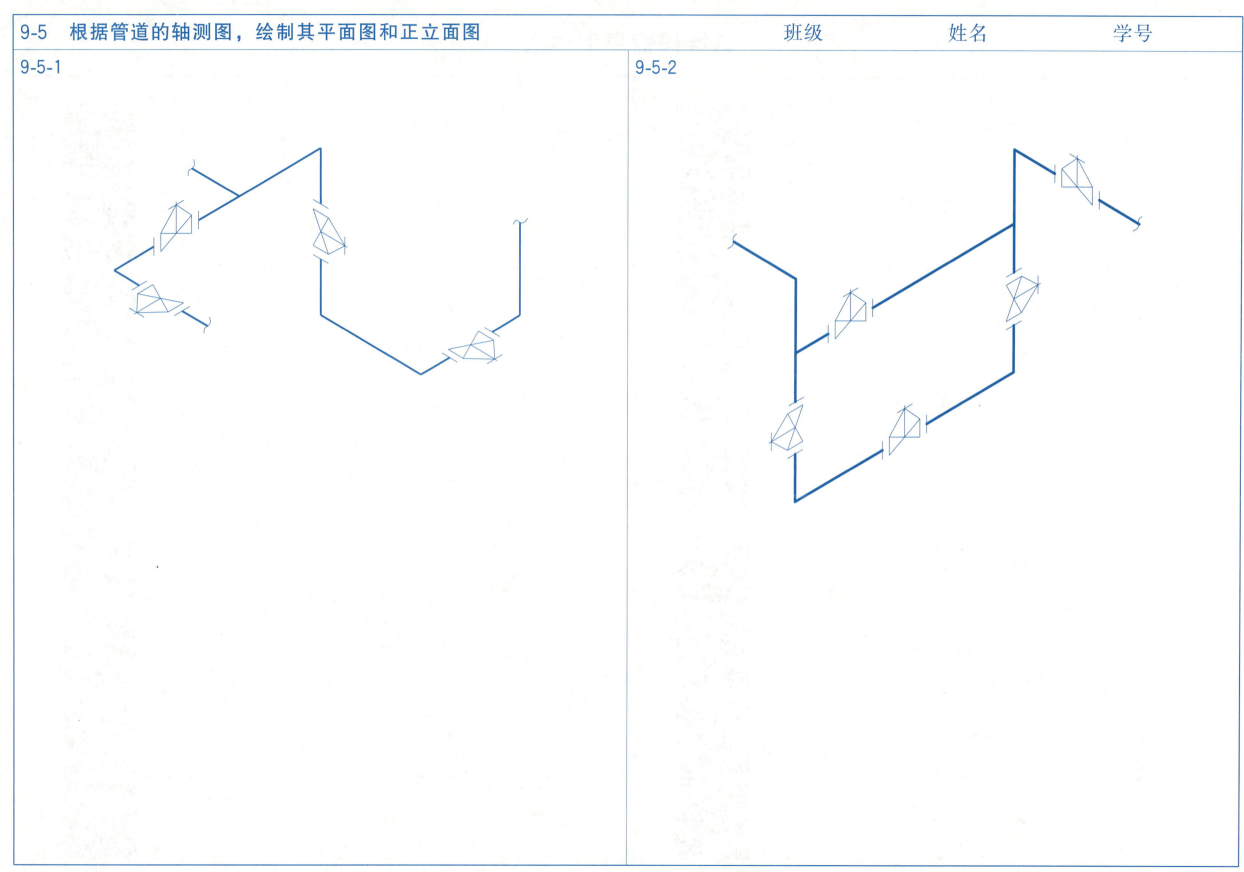

二维码信息汇总表

序号	页码	类型	名　　称	二维码	序号	页码	类型	名　　称	二维码
1	5	视频	1-4-4 作圆外切正六边形		10	12	视频	3-1-6 圆球及其表面取点的作图	
2	5	视频	1-4-5 四心圆法绘制椭圆		11	13	模型	3-2-1 模型	
3	5	视频	1-4-6 同心圆法绘制椭圆		12	13	模型	3-2-2 模型	
4	6	视频	1-4-7 圆弧连接-连接直线		13	13	模型	3-2-3 模型	
5	6	视频	1-4-8 圆弧连接-连接圆弧		14	13	视频	3-2-4 六棱柱被截切	
6	7	视频	1-5-1 绘制平面图形		15	13	模型	3-2-4 模型	
7	8	视频	2-1-1 绘制物体的三视图		16	13	模型	3-2-5 模型	
8	9	视频	2-1-7 绘制物体的三视图		17	13	视频	3-2-6 三棱锥被截切	
9	12	视频	3-1-5 圆锥及其表面取点的作图		18	13	模型	3-2-6 模型	

序号	页码	类型	名　称	二维码	序号	页码	类型	名　称	二维码
19	14	视频	3-2-7 圆柱被截切		28	15	模型	3-3-2 模型	
20	14	模型	3-2-7 模型		29	15	模型	3-3-3 模型	
21	14	模型	3-2-8 模型		30	15	视频	3-3-4 空心圆柱相贯线	
22	14	模型	3-2-9 模型		31	15	模型	3-3-4 模型	
23	14	模型	3-2-10 模型		32	15	模型	3-3-5 模型	
24	14	模型	3-2-11 模型		33	15	模型	3-3-6 模型	
25	14	视频	3-2-12 空心圆柱被截切		34	16	视频	4-1-2 绘制物体的正等轴测图	
26	14	模型	3-2-12 模型		35	17	视频	4-2-1 绘制物体的斜二轴测图	
27	15	模型	3-3-1 模型		36	19	视频	5-2-1 绘制组合体的三视图	

序号	页码	类型	名　　称	二维码	序号	页码	类型	名　　称	二维码
37	21	模型	5-4-4 模型		47	22	模型	5-4-12 模型	
38	21	模型	5-4-5 模型		48	23	模型	5-5-1 模型	
39	21	视频	5-4-6(1) 补画漏线		49	23	模型	5-5-2 模型	
40	21	模型	5-4-6 模型		50	23	视频	5-5-3 补画第三视图	
41	22	模型	5-4-7 模型		51	23	模型	5-5-3 模型	
42	22	模型	5-4-8 模型		52	23	模型	5-5-4 模型	
43	22	模型	5-4-9 模型		53	23	模型	5-5-5 模型	
44	22	模型	5-4-10 模型		54	23	模型	5-5-6 模型	
45	22	模型	5-4-11 模型		55	28	模型	6-4-3 模型	
46	22	视频	5-4-12 补画漏线		56	29	模型	6-5-3 模型	

参 考 文 献

[1] 刘立平. 工程制图习题集 [M]. 北京：化学工业出版社，2020.

[2] 樊宁，何培英. 典型机械零部件表达方法 350 例 [M]. 北京：化学工业出版社，2018.

[3] 合肥工业大学工程图学系. 工程图学基础习题集 [M]. 北京：中国铁道出版社，2018.

[4] 邓劲莲，沈国强. 机械产品三维建模图册 [M]. 北京：机械工业出版社，2017.

[5] 王丹虹. 现代工程制图习题集 [M]. 第 2 版. 北京：高等教育出版社，2016.

[6] 宋卫卫. 工程图学及计算机绘图习题集 [M]. 北京：机械工业出版社，2016.

[7] 任晶莹，杨建华. 工程制图习题集 [M]. 沈阳：东北大学出版社，2016.

[8] 张荣，蒋真真. 机械制图习题集 [M]. 北京：清华大学出版社，2013.

[9] 刘力. 机械制图习题集 [M]. 第 4 版. 北京：高等教育出版社，2013.

[10] 汤柳堤. 机械制图组合体图库 [M]. 北京：机械工业出版社，2012.